恐惧心理学

孟凯◎编著

中国纺织出版社有限公司

内容提要

没有人能够生而自信，从本能的角度而言，每个人内心深处都有恐惧的影子，都会因为各种事情感到害怕或者恐惧。真正糟糕的并非是人们恐惧的事情，而是恐惧本身，人们一旦被恐惧胁迫，就无力思考，更不可能想出周全的办法解决问题。

本书从心理学的角度出发，深入剖析人的内心世界，帮助人们了解恐惧产生的原因，从而让人们有的放矢地从根源上解决恐惧问题。

图书在版编目（CIP）数据

恐惧心理学 / 孟凯编著. —北京：中国纺织出版社有限公司，2020.8
ISBN 978-7-5180-7261-3

Ⅰ.①恐… Ⅱ.①孟… Ⅲ.①恐惧—通俗读物 Ⅳ.①B842.6-49

中国版本图书馆CIP数据核字（2020）第051993号

责任编辑：赵晓红　　责任校对：楼旭红　　责任印制：储志伟

中国纺织出版社有限公司出版发行
地址：北京市朝阳区百子湾东里A407号楼　邮政编码：100124
销售电话：010-67004422　传真：010-87155801
http：//www.c-textilep.com
中国纺织出版社天猫旗舰店
官方微博http：//weibo.com/2119887771
三河市宏盛印务有限公司印刷　各地新华书店经销
2020年8月第1版第1次印刷
开本：880×1230　1/32　印张：6
字数：162千字　定价：39.80元

前言

每当说起害怕和恐惧，人们总是觉得很羞愧，这是因为他们不敢直面自己的情绪，始终觉得害怕和恐惧是不应该表现出来的，也是容易被人嘲笑和否定的，所以只能深深埋藏在心底。实际上，这样的想法本身就是缺乏自信的表现。正如美国成功学家卡耐基所说，世界上有很多人都是因为不自信才失败，而并非因为能力欠缺。我们虽然是普通人，也要追求自己的成功，因此既不能妄自尊大，也不能妄自菲薄，而要相信自己，告诉自己：在人生中，只要有优秀的表现，就能够更优秀、更杰出。

大多数不自信的人，内心都是胆小怯懦的。他们不愿意表现自己，虽然有的时候他们很清楚自己的优势所在，但是却不想或者不相信自己能够凭借优势获胜，而在面对自己的劣势时，他们又无限放大自身的弱点和缺点，总是否定自己，也不愿意相信自己能够冒险取得成功。在这样的双重心态下，他们在人生中必然故步自封，无法突破内心的藩篱，在人生的道路上走得更高更远。

从心理学的角度而言，每个人要想有所发展，就一定要战胜内心的恐惧，保持积极奋进的态度。正所谓人生不如意十之八九，每个人在人生之中都可能遇到各种各样的困难。一旦遭遇困境，大多数人即使无法保持淡定从容，也要尽量维持冷静和理智。有心理学家经过研究发现，愤怒会让人的智商瞬间降为零。愤怒的负面作用如此严重，我们当然要更加理智从容，才能在人生中有更好的表现。否则，一旦惊慌失措，人生就会彻底失败，也会因为手足无措而导致各种事情陷入更糟糕的境地。从本质上而言，生活中之所以有很多人虽然很努力却始终无法得到好的发展，就是因为他们害怕失败。他们不知道，失败有可能让他们彻底失掉人生，所以，一个人唯有充满自信，才能主宰自己，才能征服世界。否则，如果人们对自己连最基本的信任都没有，也不相信自己能够凭借能力改变命运，那么他在人生之中当然会更加被动。

人生之路既是漫长的，也是短暂的。在或长或短的人生道路上，不管面对什么，我们都要鼓起勇气让自己乐观积极。否则，一旦内心感到深深的恐惧，也因为害怕而畏缩，我们就会彻底成为人生的失败者，失去直面人生的勇气。当然，要想让自己消除恐惧，变得自信，说起来很容易，真正想做到却很难。每个人必须不断努力，超越自己，克服内心深处的恐惧，才能够让自己再次找回自信，赢得好的发展。这是因为一个人只有更加自信，才能够相信自己，而相信的力量是无所不能的。当你相信，你就能够主宰命运；当你相信，你也就能战胜整个世界。

面对内心深处莫名其妙的感情，很多人都会束手无策，实际上人的心理状态固然复杂，也反复无常，却并非是无法把握的。唯有掌握科学的方法，更加客观理性地了解内心，我们才能摆脱胆小、怯懦和自卑等负面情绪，才能让心更加健康，也才能让精神力量更强大。所以朋友们，如果害怕你就输了，那么从现在开始，就让我们扬起自信的风帆，乘风破浪吧！

编著者

2019年12月

目录

第1章

寻根究源，你才知道恐惧来源于何处

恐惧是人的本能，随着不断地成长，恐惧的事情会越来越多。正如人们常说的，无知者无畏，很多人因为无知，都不会感到害怕。一旦懂得更多，也更加意识到危险，人们更容易感受到恐惧和畏缩。恐惧尽管是理所当然存在的情绪，有的时候还能够保护人们不受伤害，但是在人生中大多数情况下，恐惧一旦超过限度，就会限制人们发展，也会让人们因此而束手束脚，甚至无法正常展开行动。所以我们应该战胜恐惧，让自己在人生的道路上勇往直前。

在乎结果，你会感到害怕

对于人生，很多人都有自己的理想，也有自己的规划。他们希望人生能够一飞冲天，也希望生命充实而精彩。然而，在挑战面前，他们总是表现出胆怯和退缩，甚至有时候非常懦弱，这到底是为什么呢？为何他们人生的理想那么高远，而在人生中的表现却又那么平淡无奇呢？实际上这并非是因为其他的原因，而是因为他们过分在乎结果，所谓近情情怯，当他们过分在乎结果时，也就会被结果限制，导致对很多事情都无法真正施展能力去做。

大多数孩子在考试之前都会感到非常紧张，这是因为他们看中结果更甚于过程，他们觉得只有让结果令人满意，才能使过程变得更从容。同样的道理，很多成人也会产生这样的心理，当对一件事情过于在乎的时候，他们就会变得手足无措、紧张不安。例如，在现代职场上，有很多年轻人都不敢接受挑战，不愿意接受艰巨的工作任务。这就是因为他们担心自己一旦做不好，就会被上司批评，也会被同事嘲笑。他们却没有想到，在完成艰巨任务的过程中，自己能够学到很多，也能够增加人生的经验。还有一些年轻人不敢向自己所爱的人表白，这是因为他们总是担心被对方拒绝，导致自己难堪。患得患失的心境，使他们不知道如何与对方相处下去，实际上，如果他们更加看重内心，相信自己，坚持爱一个人就大胆地说出来，那么他们在面对爱情的时候也就会更加坦然。现在职场，很多年轻人对于自己的工作并不满意，但是他们却不能够当机立断辞掉工作，勇敢地追寻梦想，这是因为工作如同鸡肋，食之无味，弃之可惜。既然没有足够的勇气承受失去的风险，那么他们只能一直这样颓废和沮丧下去。他们担心如果失去了这块鸡肋，就连鸡肋都没有。所以很多人的胆怯都是因为过分在乎结果而忽视了过程，从本质上来说，对于人生而言最重要的是过程，而不是在患得患失之中渐渐地错失人生，与人生最美好的时光失之交臂。

很多人都看过电影《阿甘正传》。在这个故事中，人们见识到阿甘的坚强乐观，以及他从不屈服、坚持奋斗的人生历程。他是一个低能的孩子，智商很低，甚至连学校都不愿意接受他作为学生，但是他却能够成功地战胜自己，做成很多事情。如他是游泳健将，擅长跑步，而且还凭借自己独特的魅力赢得了珍贵的爱情。最终，虽然他不如其他孩子聪明，但是却成为大名鼎鼎的企业家，做出了属于自己的事业。这就是因为他非常坚定执着，更在乎做事情的过程，而不是总看重事情的结果。

毫无疑问，和那些更聪明的小伙伴相比，阿甘并不是最有天赋的。那么，为何他最终能够超过那些伙伴实现人生的价值呢？这就在于他并不像那些聪明人一样斤斤计较，精于算计，而是总是不计结果地付出。他很擅长坚持，而从来不问结果；他总是去做，而从来不考虑付出与得到之间的比例。这样一来，他反倒因祸得福，因为忘记结果，而更加专注于过程，最终让自己变得更加出类拔萃。实际上，虽然阿甘的智商不那么高，但是他也并不愚蠢。甚至从某种意义上而言，阿甘是人生的智者，对于他来说，成功唯一的捷径就在于不计成本地付出。唯有这样，他才能更加努力，全心全意地面对生活。现实生活中，很多人的人生之所以失败，都是因为太看重结果，因而最终被思维局限了人生发展。常言道，傻人有傻福，实际上就是在告诉我们：只有更好地在人生中付出，一切才会更好。

假如人们总是把眼睛盯着结果，而忽略了在过程中的努力和付出，那么他们就会渐渐地禁锢自己，导致自己无法前进。其实，每个人之所以要努力奋斗，并不在于一定要实现怎样的目标，而在于在过程中让自己不断地成长和成熟起来。假如人人都能把结果看得更轻更淡一些，体味生命在奋斗过程中的独特感受和快乐愉悦，那么人人都能让自己变得更成功、更从容。

偏偏有很多人都不明白人生的意义，觉得人生就是要功成名就，就是要名利双收。殊不知，人生是一场没有归途的旅行，最重要在于我们要对人生有深刻的体会。与其自欺欺人一味盯着梦中的风景，还不如让自己回归到现实之中，让现实激励自己更加辛苦和努力。有人说，人生是向死而生的过程，这句话非常有道理，因为每个人从呱呱坠地开始就在奔向死亡的终点。在此过程中，是拥有灿烂如烟花的一生或者拥有平淡无奇的一生，每个人的态度起到了至关重要的作用。不管什么时候，我们都要用心去坚持，绝不放弃勤奋，才能不断接近人生目标，也才能让人生拥有更多的收获。

对于一个人来说，奋斗应该作为人生的信念去坚守。一个努力奋斗、绝不认输的人，会拥有强大的气场，也会具有更强的吸引力，从而激发出自身经久不衰的热情。否则，人生就会像是一个空洞的躯壳，或者是行尸走肉，虽然看起来也在活着，却已经失去生命的活力。就像现在网络上流行的一句话，一个人27岁就死了，直到72岁才下地。不得不说，对于人生而言，这是莫大的悲哀，所以我们一定要更加注重过程，而不要一味被动地等待死亡的到来。

只有自己才能主宰人生

在生命的过程中，人们总要经历各种各样的事情，也会遭遇坎坷和挫折，甚至还会因为不恰当的表现而给他人带来谈笑的资本。殊不知，每个人都是这个世界上独一无二的个体，都不应过于在意他人的眼光。因为人们不可能活在他人的眼睛里，如果一个人总是因为他人说什么或者怎么看而改变自己，那么他就会完全找不到生命的节奏，只能根据别人的风吹草动去掌控自己。现实社会中，很多人都觉得心情沉闷且不愿与他人进行交谈，实际上这也是害怕自己说出来的话被他人嘲笑，因而就选择闭口不言。还有的人根本不敢把自己伟大的梦想告诉别人，因为怕别人说自己是在空想，也怕别人说自己是在白日做梦。实际上，谁的梦想不是白日做梦呢？正因为白日做梦，才有可能把梦想变成现实。在职场上，更多的年轻人选择默默无闻地做事，却无法得到上司的认可与肯定。他们非但没有反思自己，反而因此成为套中人，不管是说话还是做事，都把自己放在圈套中，不敢勇敢地去尝试。他们非常胆小怯懦，也很畏缩。实际上，无论如何，人生都是自己的。一个人不管做得是否正确，都是自己的选择，如果总是过于在意他人的看法和想法，就会失去自我。毋庸置疑，我们固然要尊重他人，但是我们更要尊重自己。否则，当人生被他人随随便便发表的意见和看法所控制，并且为此而摇摆不定，那么最痛苦的就是我们自己。

记住，每个人都是自己人生的主人，每个人的人生都只属于自己。哪怕父母给了孩子生命，让孩子长大，也无权干涉孩子的人生。当然，作为子女最无私有爱的监护者，父母会给予孩子们最中肯的建议。但是每个人都要记住，没有人能够取代我们去过完一生，所以每个人都必须对人生有所领悟，也让自己在人生中获得更好的发展，这样才能让人生一帆风顺，而不必被他人随便的评论或者是轻视的目光左右。人生就像一棵大树，一定要扎根结实，才能够在风雨中傲然屹立。否则，如果大树总是随着风雨不断地飘摇，那么必然影响大树的根基，也会导致大树立足不稳。

很久以前，有个父亲带着儿子一起去赶集。他们牵着家里唯一的驴子，想到市场上把驴子卖掉，换些生活的费用。父亲走在前面牵着驴子，儿子跟在驴子后面，父子俩就这样一前一后走出家门，朝着集市走去。不想，他们刚刚走出家门没多久，就遇到村子里的一群人正坐在路边说笑。看到父亲和儿子牵着驴子走，其中一个人指着他们说："看看吧，这两个人可真是不折不扣的大傻瓜，他们有驴子不骑，偏偏要自己辛苦地走路，累得汗流浃背，这可不是傻吗？"听到这话，父亲心中怦然一动，他马上把儿子抱起来放到驴子的后背上，而自己则跟在驴子后面走着。看着儿子不用再辛苦地走路，父亲觉得很高兴。

走到村头的时候，父亲和儿子又遇到了一个老人。这个老人看着儿子骑在驴背上，父亲却跟着走，不由得愤愤不平地说："你真不怕把孩子宠坏了呀！孩子那么小，身强体壮，多走点儿路有什么关系呢？你已经年纪大了，应该你骑在驴上，让孩子在路上走。"听到老人的话，父亲觉得很有道理，因而让儿子下来，跟在后面走，自己则骑着驴子走在前面。不想，走出村子没多久，他们又遇到了几个在田地里干活的妇女。这几个妇女看到父亲骑着驴子优哉悠哉，却让儿子在后面汗流浃背地走路，不由得纷纷议论起来："看吧，这个爸爸可真是狠心呀，这是不是后爸呢？不然，他怎么舍得让这么小的孩子跟在后面走这么远的路，而自己却骑着驴子那么高兴呢？"听到这些话，父亲有些困惑，他不知道到底是应该自己骑着驴子，还是让儿子骑着驴子。思来想去，他决定把儿子也抱到驴子的背上，这样父子俩就可以一起骑驴。

父亲暗自窃喜：现在，肯定没有人对我们指指点点了。走啊走啊，他们来到另外一个村子，他们要穿过这个村子去村子那一头的集市上。没想到在村子里走着的时候，村子里的人依然对他们指指点点说："看吧，这头驴还这么小，就要驮着两个这么重的人，这是不是他们偷来的呀？否则，有哪个庄稼人舍得这样糟践自己的牲畜呢？"父亲再也坐不住了，他赶紧从驴背上下来，并且把儿子也从驴背上抱下来。父亲四处寻找，终于找到一根粗壮的树干，然后用随身带的绳子把驴子捆上四蹄抬了起来。他暗暗想道：我就不相信，我们都这么爱惜驴子，还会有人说我们虐待驴子。眼看着集市就在不远处，父子俩因为抬着沉重的驴子，所以累得气喘吁吁，步履维艰。过桥的时候，驴子因为受到惊吓，疯狂地挣扎，导致父子俩和驴子一起掉入河水中。

在这个事例中，父亲之所以如此尴尬，是因为他没有主见，在听到别人说应该骑着驴子走的时候，他先让儿子骑驴；当被指责会把儿子宠坏的时候，他又自己骑驴；后来，他又被妇女们指责不懂得疼惜孩子，因而不得不和孩子一起骑驴，却被指责不懂得珍惜牲畜；无奈之下，他只好和儿子一起抬着驴走向集市，最终和儿子、驴子一起掉到水中，落了个尴尬无比的下场。如果父亲有主见，知道自己身强体壮，可以让年幼的儿子骑驴，或者相信儿子哪怕多走一点路也没有关系，那么自己就可以心安理得地骑驴。当然，他还可以和儿子一起走路，就当是锻炼身体，而让驴子悠哉悠哉地走，不得不说，这些都是很好的选择。但是偏偏他毫无主见，犹豫不定，总是因为他人的看法而改变自己，最终落得难堪的下场。

不管在什么情况下，我们都应该成为人生的主宰。归根结底，我们是人生的掌舵者，也是人生的唯一所有者。所以不管是做人还是做事，我们都不必过于在意他人的看法。当然，对于任何人而言，最基本的要求就是符合法律的规定，也符合道德观念的制约。在此基础上，我们完全可以发挥自身的主观能动性，让自己极具个性，而无须时时处处都企图让每个人满意。记住，人生是我们自己的，只要我们心安理得，就无须过分在乎他人的意见和看法。

没有人能够保证自己的一生一定是什么样子的，也没有人能够保证人生一定如何，所以我们既没有权利否定他人，更没有权利否定自己。现实生活中，我们一定要更加坚定从容，拒绝被嘲笑，才能坚持自己的原则，或者即使别人对于我们的言行举止说了些什么，我们也能够坚定不移、一往无前，这样才能走好属于自己的人生之路，而不会轻易地放弃自己。

细心的朋友会发现，大多数成功者在获得成功之前，都能做到坚定不移地坚持自己的选择，走好人生之路，而不为他人所说的话揣度。对他们来说，哪怕别人说的方法再好，他们也会坚定不移地选择最适合自己的方法，而不会人云亦云，总是因为他人无心说出的话而让自己陷入慌乱。

抛开顾虑，让内心轻松

现实生活中，很多人都顾虑重重，而且忧心很重，这是因为他们总是为一些无所谓的事情而焦虑，却不知道那些事情已经严重影响心情，导致他们从未雨绸缪变成杞人忧天，甚至因此而使心理上变得非常沉重。实际上，这种焦虑或者顾虑从本质上而言，就是人们的一种矛盾心理。尤其是在需要做出重大的决定或者选择时，有些人往往犹豫不决，甚至无法割舍生命中自认为重要的那些东西。从本质上而言，对于人生来说，最重要的无非就是生死，没有什么事情是不能舍弃的，想明白这一点，人们就不会对很多无关紧要的事情感到忧虑，而是能够放松心情，从而更轻松地迎接和面对生活。

很多人思虑过重，总是对自己有太多的奢望和过高的要求，因而导致自己的内心非常沉重，甚至喘不过气来。在这种情况下，我们一定要对人生中的各种情绪有更深入的理解，这样才会让自己从容面对人生。要知道，对于任何人的人生而言，都是想要拒绝失败，而靠近成功的。然而，理想是丰满的，现实是骨感的，现实告诉我们，只有极少数人能够登顶金字塔尖，大多数人都要过完平凡的一生。在这种情况下，我们必然要更加坚定不移，才能让人生有更好的未来和发展。

对于人生而言，机会并不会一直在那里等待，有的时候机会转瞬即逝，如果在面临千载难逢的好机会时总是顾虑重重，那么人们就会因此而让自己错失最好的机会，从而也导致人生有太多的遗憾。很多朋友抱怨人生不够完美，其实，与其抱怨外界的一切，还不如认真想一想自己是否在人生中付出了努力。只有真正努力付出，人们才能给自己更完美的交代。也只有做到拼尽全力，人们才能对自己无所遗憾，没有顾虑。总而言之，人生必须是非常璀璨辉煌的，唯有让人生拥有更好的未来，我们才能够给予人生圆满的交代。从这个角度来说，与其花费时间去抱怨或者是顾虑重重，还不如给自己一颗轻松的心，这样人生才会有更好的未来和发展。

很久以前，有一位哲学家特别聪明，是真正的智者。然而，每个人都是被上帝咬过一口的苹果，虽然他对于很多事情都很了解，但是他却有一个致命的缺点，那就是不管做什么事情，他都顾虑重重。有一次，一个朋友邀请哲学家一起去旅行，哲学家却说自己要认真地考虑考虑。因为朋友所说的那个旅行目的地具有一定的危险性，没有完全开发出来，所以哲学家更加担忧起来。对此，朋友说给他一个星期的时间考虑，之后就告辞离开。

一星期之后，朋友询问哲学家是否愿意同行，哲学家却说："据说那里民风非常彪悍，你觉得我们去了那里，能够与当地的老百姓相处好吗？"朋友不以为然地说："我们是去旅游的，又不是去长期生活的，我们无须跟当地的老百姓相处得很好，只要保证不与他们发生冲突就行，毕竟我们只是游山玩水看风景而已。"哲学家摇摇头，一本正经地说："这怎么可能呢？只要我们去了那个地方，就一定会与当地人发生联系。"朋友还是不以为然地说："有联系也没有关系呀，只要我们对他们客气、尊重他们、平等对待他们，相信他们也会给我们同样的回报。"哲学家紧皱眉头长长地叹气说："如果我们与他们发生矛盾，那该怎么办？"朋友从未想过这样的问题，因而无言以对，思忖良久才说："就算你留在家里，也会跟邻居发生矛盾，所以这件事情并不是一定会发生的，不是吗？退一步而言，即使真的发生了，我们可以见风使舵，见机行事，根据实际情况解决问题。既然如此，你还担心什么呢？"

哲学家不知道应该再说些什么，便问："当地这几天会有雨吗？”朋友无奈地说：“我也不知道那里有没有雨啊，毕竟那里距离这里1000多里，而且那里的通信并不发达。”就这样，朋友足足等了哲学家一个月，哲学家总是能够找出各种新的担忧和让自己焦虑的事情，导致朋友很无奈。在这种情况下，朋友决定给予哲学家更长的时间思考，而独自成行。朋友暗暗想道：“这个人真是没办法，也许等到他思考完之后，我们明年可以结伴而行吧。”转眼之间，十几天过去，朋友的旅行已经结束，晒得黝黑回到家里。这时，哲学家说：“你这一趟出行，遇到什么困难了吗？”朋友笑着说：“没有遇到任何困难，相反我不管吃住都是在老乡家里，他们待人非常热情。虽然当地民风彪悍，但是老乡对人的热情也是发自内心，非常淳朴的。”哲学家不由得后悔起来：“早知道我就跟你一起去，那么明年咱们再一起去吧！”朋友笑着说：“明年我也许就不会去这个地方，到时候你自己去吧，我要奔赴新的目的地！”看着朋友充满活力的样子，哲学家觉得很失落。

原本，哲学家可以与好朋友结伴而行，进行一场愉快的旅行，就因为他犹豫不决，最终让朋友孤独成行。幸运的是朋友并没有因此而感到苦恼，他在当地人那里得到了热情的欢迎和招待。得知朋友的旅行很顺利，哲学家必然感到苦恼，因为他错过了和好朋友一起旅行的机会，最重要的是他发现朋友并没有发生任何不愉快的事情。从本质上而言，这并非是哲学家贪生怕死，而是因为他的顾虑太重，如果他能够像朋友所说的那样做好准备之后就去旅行，然后在旅行中发生意外的时候再随机应变，解决问题，那么也许他现在能够写出几页精彩的游记。

很多人在面对重大的决定时，总是顾虑重重，因而无法果断地做出决定。曾经有学者为了寻找获得成功的方法，专门进行了很多心理测试和调查，最终证实那些成功者之所以能够成功，就是因为他们做事坚决果断，而且越是在面对大事的时候，越是能够快速地决断。最重要的是，他们在有了决断之后会马上展开行动，即使有些时候情况比较复杂，使他们陷入进退两难的境遇，他们也依然能够保持理智和冷静，而不会斤斤计较自己的得到和失去，从而最终做出正确的选择。现代社会，也有很多年轻人不知道如何应对人生，实际上一个人能力的高低并不仅仅体现在专业方面，也体现在面对生活的决策时表现出的素质。尤其是对于成就大事的人而言，一定要具备当机立断的勇气和魄力。相反，如果一个人在面对很多事情时都犹豫不决、思虑重重，那么他在最重要的时刻就会错失千载难逢的好机会，从而导致彻底失败。现代社会正处于信息大爆炸的时代，很多人经常陷入犹豫与徘徊之中。尤其是面对突然涌来的大量信息时，他们会变得焦虑不安，心情更加沉重。对于他们而言，最重要的是把握机会，当即作出决断，马上展开行动，这样他们才能真正地奔向成功，也拥有充实精彩的人生。

欣赏自己，为自己喝彩

人是群居动物，每个人都不可能脱离人群而独自生活，尤其是在分工合作更加密切的现代社会，人与人之间都会产生各种各样的联系，也都会得到外界的反馈。在这种情况下，人们理所当然要好好表现，发挥自己所有的能力，迸发出所有的力量，从而让自己有良好的人生表现。然而，一定要注意的是不要总是奢求得到外界的欣赏，最重要的是我们一定要自己欣赏自己，就算全世界都放弃我们，我们也应该努力坚持下去；就算全世界都唾弃我们，我们也要相信自己是优秀的，也要为自己鼓掌。这样一来，我们才能让内心真正强大起来。

一个人如果不愿意自我肯定和自我欣赏，那么他的内心一定是自卑和胆怯的。对于人而言，这也是正常的情绪反应。不过，自卑和胆怯的来源非常复杂，引起自卑和胆怯的原因也很多。诸如，有的孩子因为学习成绩不好而自卑；有的女孩因为长得不够漂亮而自卑；也有年轻人因为在工作上没有出色的表现而自卑。总而言之，很多自信的人都有相似之处和共同点，而对于大多数自卑的人而言，他们却各有各的自卑原因。

马斯洛需求层次理论告诉我们，每个人在满足基本的生理需求之后，都希望得到他人的肯定和尊重，这也是人的心理需求之根本。如果各级需求总是得不到满足，人就会变得越来越自卑，怀疑自己，也会因为胆小怯懦而不愿意面对自己，甚至完全封闭自己，不再与外界进行任何交流。生活中有很多人因为受到刺激而变得自闭，就是因为关闭了心扉。在这种情况下，作为普通人，我们要想让自己变得更加勇敢和强大，就一定要战胜恐惧，才能做到欣赏自己，也才能做到认可自己，从而从自己的心灵中得到更强大的力量。

赵薇是个特别自卑的人，不管做什么事情，她都觉得自己无法做到最好，也常常因此而否定自己，觉得自己不如其他人表现更优秀。也许是因为从小生活在农村，她并没有什么才华和特长，每当看到其他女同学或者弹琴或者歌唱或者跳舞的时候，她都自惭形秽，觉得自己简直不像一个女孩。在这样的心态下，随着时间的推移，赵薇变得越来越自我封闭，她甚至不愿意与同学们在一起沟通，更不想和女生有过于亲近的来往。因此，她在学校里总是独来独往，从来不与其他同学结伴。渐渐地，她走路的时候也低着头，因为她怕看到同学不知道如何打招呼，说话的声音更是像蚊子哼哼，如果不伏在她的嘴边去听，甚至都听不到她在说什么。就这样，赵薇变得越来越卑微。

有一次，同学们聚会，也邀请赵薇一起参加。在整个吃饭过程中，赵薇始终坐在角落里低着头吃自己眼前的菜，不愿意抬起头来与大家交流。吃完饭之后，大家一起去唱歌，正当赵薇全神贯注地听着麦霸唱歌时，突然有一个女孩儿大声说："赵薇，来一首吧。唱你拿手的歌，我们还没听过你唱歌呢！”听到这句话，赵薇马上变得面红耳赤，连连摆手说：“我可不会唱歌，我从来都不会唱歌，我长这么大都没有唱过歌……”听着赵薇语无伦次的推辞，那个女同学笑了起来。实际上，赵薇的嗓音非常优美，只是因为她没有勇气在众多同学面前唱歌而已。在同学们的起哄下，赵薇赶鸭子上架，无法拒绝，只好拿着麦克风勉为其难地唱了起来。

赵薇才唱了几句，大家都纷纷为她鼓掌，在麦克风的作用下，赵薇的声音真的非常优美动听。虽然因为紧张，赵薇的声音有些颤抖，但是瑕不掩瑜，同学们依然能够听出声音本质的优美。这个时候，一位男同学借花献佛，拿起KTV包间里的一盆塑料花送给赵薇。同学们都哈哈大笑起来，赵薇也情不自禁地笑起来。赵薇唱完歌，全场掌声雷动，让赵薇唱歌的女同学大声地说：“赵薇，你可真是天籁之音啊，你从来不唱歌，这简直是浪费。以后，你一定要相信自己、欣赏自己，否则这么好的嗓音岂不是白白埋没了吗？！”在经历了这次挑战之后，赵薇的勇气明显增强，她也敢于在别人面前说话。尤其是在唱歌的时候，她从想唱不敢唱，到后来能够拿起麦克风勇敢大声地唱，简直有了翻天覆地的变化。

生活中很多人都不知道自己的优点和缺点。如果不知道自己的缺点，必然会因此而犯下错误；如果不知道自己的优点，却表现出谦虚低调，那么就是不懂得欣赏自己。和那些趾高气扬的人只知道自己的优点，且只看到别人的缺点相比，他们恰恰相反，总是看到自己的缺点，而更多地看到他人的优点。在这种情况下，哪怕他人并不那么优秀，因为仰视的角度，他们也会觉得他人无端地高大起来。实际上，与其把他人奉若神明，还不如利用自身的优势发展能力、提升水平，也学着站在平等的角度欣赏他人。这样一来，我们才能变得更加自信和勇敢，也才能为自己的人生开阔道路。

其实在遭到他人的否定和怀疑时，我们更应该懂得重视自己，因为只有给自己足够的重视，我们才能得到他人的尊重和理解，才能让人生绽放出绚丽的光彩。否则，如果我们总是妄自菲薄、否定自己，又如何说服他人相信我们并且器重我们呢？！

人，为何不自信

生活中，很多人都感到不自信，他们非常胆小和怯懦，也不愿意发挥自身的能力创造生命的奇迹，甚至在面对正常的活动时，他们都缺乏信心。有些极度不自信的人，还不愿意走到人群中与他人交往，这到底是为什么呢？实际上，自信是一种相信自己的心理表现，而不自信同样是由于特定的心理因素导致的。通常情况下，如果一个人的心理状态不够健康，或者他的心灵处于异常的扭曲状态，都会导致他们变得非常自卑，对自己缺乏自信。那么在什么样的情况下，人们才会越来越自信，也让自己拥有更好的人生呢？当然，这就要求我们深入剖析心理层次的原因，从而揭开自卑的假面，找到自信的心理状态。

通常情况下，不自信的人都是非常胆怯、害羞的，他们总是担心自己的某些表现无法达到别人的预期，或者担心自己的能力不足，无法赢得他人的认可与肯定，更无法使他人满意。由此一来，不自信的人总是紧张兮兮的，神经处于高度紧绷的状态。特别是在公共场合，当怀疑别人的目光都盯在自己身上时，他们更是如坐针毡，浑身都不自在。哪怕是在私底下与他人相处，他们也会担心紧张和胆怯被别人识破。如此一来，他们越是想要竭尽全力打造自己的完美形象，就越是会适得其反，反而会因为紧张而使自己呼吸急促、脸色通红，甚至说起话来也吞吞吐吐、断断续续。在这种情况下，大家会误以为他们根本不善于交际，也会因此而疏远他们，毫无疑问，这样的疏远会给他们带来更紧张的感受。日久天长，他们的人际关系变得非常生疏和冷淡，而且他们会因为孤独而产生挫败感，全盘否定自己的交际能力。

还有一些人之所以不够自信，则是因为他们总是过度依赖他人。例如，在现代社会的亲子关系中，很多父母觉得孩子不够成熟，总是在很多方面过度照顾孩子。这样一来，孩子必然会因为过度依赖父母而怀疑自身的能力，甚至一旦离开父母，他们就会完全失去生存能力。在这种情况下，作为孩子已经习惯衣来伸手、饭来张口，如何能够更加自信、勇敢地面对人生呢？如果长期过度依赖父母，孩子还会过度看重父母的认可和评价，而无法做到自己认可自己。当孩子对自己的评价和判断依赖父母，他们就无法正确评价自己，甚至因此而发自内心地讨厌自己。可想而知，这对于孩子的成长是很糟糕的，而且会起到负面的影响作用。

除了过度依赖和自卑的表现之外，很多人之所以不够自信，是因为他们对自己的要求太高且过于苛刻。众所周知，当目标过高的时候，人们会因为无法实现目标而变得颓废沮丧，甚至不愿意继续努力。同样的道理，当目标不够理性的时候，人们也会因此而让自己面对失败的窘境。不管在哪种情况下，我们当然不能对自己有太高的要求，很多时候目标固然重要，但是过高的目标却会起到事与愿违的效果。尤其是对于那些完美主义者而言，他们总是处处苛求完美，希望自己的人生没有任何瑕疵，他们对自己就是零容忍。一旦发现自己有任何缺点，他们就因此而感到焦虑不安，甚至为此否定自己。不得不说，这对于不自信的人而言，的确是一场噩梦。

过度追求完美的人都是不自信的，因为他们对自己的要求太高，也因为他们对自己的要求过于详细和琐碎。他们甚至不允许自己在细节方面出现任何错误，所以他们在面对人生的时候，总是被人生所困扰，不知道应该如何做出更好的选择。

在这种情况下，他们必然感到颓废。古今中外，有很多杰出者都是追求完美的，他们坦承自己并不幸福，除了对自己要求过高之外，还有的人尤其喜欢比较。用白话来说，所谓喜欢比较就是虚荣攀比，这同样也是不自信的根本原因和表现之一。要知道，这个世界上有无数的人，而在所有的人之中，有相当一部分人都具有独特的才华。正如人们常说的人外有人，天外有天，在世界的大舞台上，每个人都可以尽情地展示自己，所以我们既不能妄自菲薄，也不能自视甚高。否则，当我们总觉得自己是天下第一的时候，一旦遭遇失败，就会产生深刻的挫败感，甚至为此而自惭形秽。

由此可见，客观理智地认识自己是非常重要的，这既能避免我们犯自高自大的错误，也能让我们不再自轻自贱。然而，似乎人天生就很喜欢比较，大多数人总是情不自禁地将自己与其他人进行比较。实际上，不管是你拥有优越感还是产生挫败感，对于人生而言都不是一件好事情。真正自信的人只关注自身，而不会把自己随随便便拿去与外界的其他一切比较。因为他们知道自己才是自己的主人，也才是人生的驱动者。

第2章

只要内心强大，外界的一切都无法打败你

很多人误以为人生的强者就是身强体壮的人，殊不知，人生的强者不仅仅表现在体格方面，甚至与体格是否强壮丝毫没有关系。真正的强者拥有强大的内心，能够坦然从容面对人生中出现的一切意外，既迎接惊喜，也勇敢承受惊吓，所以他们的内心坚强而有力量，他们的人生也会因此变得截然不同。

不害怕，才有可能成功

恐惧是人的本能，所以如果感到害怕，无须为此羞愧，因为人人都会感到害怕，哪怕是这个世界上最强大的人，在某一个瞬间，他也必然觉得内心发虚，甚至为此而遭遇失败。由此可见，当害怕导致人生陷入困境，我们完全无须过分紧张，因为唯有更好地面对内心的恐惧，才能够战胜恐惧。特别是在遇到使人深刻恐惧的事情时，我们更要努力地挺起胸膛，让自己更加坚定，这样我们的人生才会拥有更美好的未来。

在面对人生中的很多事情时，每个人都要调整好心态，否则当感到害怕时，失败就成为板上钉钉的事情。记住，改变命运的并非是各种客观的条件，而是我们的内心，只要内心足够坚强，哪怕外界的一切充满坎坷和挫折，我们也能够勇敢地超越困境，从而在人生之中拥有更美好的未来。反之，如果内心很脆弱，那么哪怕我们在人生之中拥有很多，一旦面对艰难崎岖的人生道路，我们就无法勇敢地站起来，从而让人生得到更好的发展。常言道，心态决定一切，尽管这些话说起来有些唯心主义的倾向，但是却真正向我们表达了人生中最重要的决定因素是什么。

很小的时候，小敏就有一个不好的习惯，那就是每当遇到困难的时候，第一反应就是退缩。她甚至连想也不想自己应该怎么办，就因为恐惧而选择退却。她不愿意尝试，害怕承受失败的责任，也害怕面对人生的困境。在这种情况下，小敏觉得内心很惶惑，因为随着渐渐长大，她意识到当她因为恐惧而放弃时，人生恰恰处于随波逐流的状态。为了更好地面对未来，也让人生有好的发展，她不得不改变自己。

参加工作之后，小敏总是从事最简单的工作，然而在今年，她准备挑战一个非常艰巨的任务。虽然老板不想把这个任务交给她，但是小敏却主动请缨，向老板请求得到这个任务。老板当然觉得很为难，因为他知道小敏一直以来能力有限。为了打消老板的疑虑，小敏信誓旦旦地对老板说："老板，请你一定要相信我，要确信我一定能够圆满完成任务，成功突破自己。"看到小敏坚决的样子，老板抱着半信半疑的态度把任务交给小敏，却不知道小敏最终会给他怎样的成果。当看到具体的任务时，小敏情不自禁打起退堂鼓，因为这个任务的难度超出她的想象。虽然她在此之前已经竭尽所能鼓起勇气要承担一切最坏的结果，在这种情况下，小敏当然很沮丧，也很无奈。但是她很清楚，如果自己这一次再失去机会，那么就根本不可能正视自己。为此，小敏硬起头皮决定扛起这个艰巨的任务，也下定决心要给老板一个最完美的交代。

在完成任务的过程中，小敏遇到很多的困难，但是她却始终牢记一条原则，那就是要战胜内心的恐惧，从而才能勇往直前，获得成功。尤其是在任务进行过半的时候，小敏更是遇到前所未有的阻力，为此她不得不想方设法排除阻力，才能让自己坚持下去。承担下这个任务之后，小敏虽然在过程中历经艰难，但是等到任务完成后，她整个人都成长起来，也变得更加成熟。看到小敏的巨变和出色表现，老板感到很欣慰。他对小敏说："你这个丫头居然一下子就变成公司里的顶梁柱，这可真是让我刮目相看！"小敏笑着说："老板，其实我本来能力就很强，只是我以前总是害怕自己不能胜任。我想，我以后再也不会这样了。你放心，不管您教给我什么样的任务，我都会拼尽全力去完成的。"在小敏表态之后，老板当然开始器重小敏。渐渐地，小敏从基层做起，成为公司的管理者，再也不是那个毫无突出之处、默默无闻的小姑娘。

很多时候，人们之所以失败，并不是被外界的力量打败，也不是被其他人所征服，而是因为内心的恐惧让他们胆怯退缩。大多数情况下，人们在感到担忧的那一刻，实际上从心里的感觉上而言已经处于相对弱势地位。哪怕一个人的力量再强大，也难免会遭遇失败，这是因为这个世界是客观唯物的，而并非是主观唯心的。总而言之，在现实生活中，我们一定要摆正心态，坚持不懈地奔向成功，不遗余力地付出，才能给人生赢来最好的结果。需要注意的是，不管做什么，都不要只用眼睛盯着成功，而要要求自己在过程中做到完美。特别是在现代职场上，很多年轻人都面临着巨大的压力，这种压力从四面八方涌来，让年轻人不堪重负，也让年轻人为此而感到深深的恐惧，甚至紧张焦虑、烦躁不安。实际上，对于每一个年轻人而言，唯有把工作做到最好，才能奔向人生的目标，实现人生的理想。但是，如果在工作上出现小小的失误，也不要因此而紧张不安，毕竟这是完全符合人生发展规律的。在这个世界上，除了上帝，没有人能保证自己绝对完美，更没有人从不犯错，更何况作为普通人的我们呢？！

要想避免失败，我们就要发自内心地敬畏失败，唯有如此，我们才能躲开失败远远的，从而竭尽所能让自己避免失败。当然，这么做的前提条件是我们应该在精神上更强大，唯有努力地战胜自己，我们才能够战胜对失败的恐惧，也才能够由此走向更加伟大、平和的人生。香港首富李嘉诚曾经说过，在这个世界上并没有任何成功的秘诀，最重要的是我们要战胜对失败的恐惧，更加强烈地渴望成功。这就是成功的捷径，也是成功的先决条件。那么朋友们，当你们恐惧失败的时候，如果因此而裹足不前、禁锢自己，那么你们连失败的机会也没有。真正想要战胜失败的人，在恐惧失败的同时也会努力激发出自己所有的力量，从而勇敢地获得成功。

恐惧，才是最可怕的

很久以前，有一个教授心理学的教授为了研究恐惧对人的影响，进行了一项特殊的实验。他在学生们不知情的情况下，要求学生们跟在他的身后，走过一间黑黑的屋子。在走过这间屋子之前，教授只是告诉学生们屋子里有未知的危险，而并没有指明危险到底是什么。因为对教授的信任，学生们依次跟在教授的身后走过这间屋子，尽管周围黑得看不到手指，但是他们却能够感觉到脚底下的路很平坦。就这样，他们非常顺利地从屋子的这头穿过走到屋子的那头。不想到达屋子那头之后，教授当即打开屋子里的灯，灯光很昏暗，却足以帮助同学们看清楚屋子里的情况。同学们全都情不自禁地倒吸一口冷气，原来他们刚刚是在经过一个独木桥，这个独木桥非常狭窄，只有两只脚并行的宽度，最让人感到恐怖的是桥底下有很多眼镜蛇正在翘首吐着血红色的芯子。只要被这种蛇咬上一口，人很快就会毙命，学生们都目瞪口呆地看着教授，教授却说："现在你们知道危险是什么了吧，那就再从原路返回吧。谁来当第一个呢？"同学们听到教授的话，没有人愿意尝试，反而全都以沉默来抗拒教授这个过分的要求。教授苦口婆心地劝说和鼓励，终于有一个学生站出来四脚着地地从独木桥上爬了回去，而剩下的学生则无论如何也不愿意再次以身涉险。在昏暗的灯光下，那些眼镜蛇看起来的确非常吓人，它们的芯子血红血红的，而且他们的头扁扁的，高高地翘起，似乎正等着咬谁一口呢！

看到学生们如此抗拒，教授只好打开了一盏大灯。在强烈灯光的照射下，同学们这才发现在独木桥下面有透明的玻璃，而且还有淡淡颜色的防护网。学生们恍然大悟，这才七嘴八舌地说："我们就知道，教授不会让我们面对危险的，万一掉下去被蛇咬到，连性命都保不住，教授怎么舍得我们这些好学生呢？！"看到危机解除，同学们又变得贫嘴起来，教授正色说道："不管怎样，你们都要原路返回。"这次，大部分学生都勇敢地从原路返回，虽然他们从桥上往下看的时候依然胆战心惊，但是他们知道自己是安全的。最后，只剩下一个学生无论如何也不愿意再走过独木桥。他说："就算把我打死，我也不能再走一遍独木桥，我绝对不愿意再面临任何危险。"看到这个学生坚决的样子，教授不由得哑然失笑。

从教授的实验中，我们不难发现其实不管是开灯还是关灯，同学们走的道路都没有改变，经历的环境也依然如常，那么为什么第一次同学们都愿意跟着教授走过独木桥，而在教授开了一盏昏暗的灯之后，却只有一个学生能够勇敢地原路返回呢？这是因为大家都被内心的恐惧征服了，当教授打开大灯，同学们意识到下面还有透明的玻璃，而且有淡颜色的防护网时，才知道自己是受到双重保护的。因而，绝大部分同学都战胜了内心的恐惧，从原路返回，却还有一个同学无论如何也不愿意再从独木桥上走回去。从本质上而言，最后这个同学并不是被危险吓倒，而是被内心的恐惧吓倒。和任何外在的危险相比，只有内心的恐惧才是最让人害怕和担忧的，这是因为一个人如果内心产生恐惧，那么他的恐惧从本质上而言与外界的环境已经没有太大的联系。对他来说，是恐惧不让他前行，而不是那些危险阻止他前进的脚步。

每个人在生活中都会遇到各种各样的坎坷与挫折，命运往往很残酷，会与人开一些可怕的玩笑。实际上，命运的玩笑并不在于命运本身，而在于它使人无限放大了命运的残酷性，让人变得恐惧。对于每个年轻人而言，唯有真正地战胜困难、战胜自己的内心，才能让自己勇往直前。当然，人生中的创伤来自各个方面，有的孩子因为学习成绩不好被父母批评，因而心灵受到伤害，当再次考试成绩不好的时候，他们选择篡改分数或者向父母隐瞒来解决问题。这并非是他们愿意撒谎，而是因为他们知道撒谎的结果比不撒谎更好，这就是一种逃避责任的恐惧。当然，在此过程中，父母也应该更好地反思自己，因为作为父母一定要告诉孩子：没有人能够永远依赖他人，哪怕是孩子也不能永远依赖父母。这样一来，在遇到难题时，孩子才不会总是想着要依靠父母的力量，又因为父母高高在上的权威而恐惧。否则，孩子就会深受其害，也会导致人生止步不前。

调整好心态并非是简单容易的事情，很多时候我们必须尽量想办法解决问题，才能避免最糟糕的情况发生。最重要的是，我们常常缺乏胆量，也没有足够的信心和勇气面对人生，这使我们在人生中变得非常被动，甚至因此而逼迫自己在不知不觉中做出令人懊丧的举动。

记住，真正让人们恐惧和担忧的并非是外界的一切，而是恐惧自身。所以我们要想战胜恐惧，就要调整好自己的心态，越是面对恐惧，我们反而越应该相信自己内心的强大。心理学家经过研究发现，让人们恐惧的其实就是未知的感觉，如果人们对于很多事情都有准确的把握，那么他们就会有更好的感受，也不会感到无端的恐惧。

输给自己，是最大的失败

现实生活中，很多人都羡慕他人的成功，尤其羡慕成功者的光环。然而，对于成功者而言，成功并不是那么轻易得来的；对于失败者而言，成功也并非遥不可及。这是因为成功与失败之间并没有固定的距离和界限，大多数人之所以失败，并不是因为缺少天赋或者是因为外界的环境不允许，而是因为他们输给了自己。看到这里，也许有些朋友会感到奇怪：一个人怎么会输给自己呢？因为没有人愿意与自己博弈。但是事实上，每个人都在与自己博弈，人生也就是与自己博弈的过程。一个真正的成功者必然是战胜内心恐惧的人，否则当挫折和磨难让他信心全无，失去勇气，他又如何能够坦然面对人生的风雨逆境，从而获得成功呢？所以每个人要想成为人生的赢家，就一定要努力战胜自我，从而给人生更好的发展和未来。否则当人生之路被恐惧这个拦路虎拦截住，那么就再也无法向前，也就无法让人生更加开阔和一往无前。

从本质上而言，大多数人的失败都是输给了自己，当然我们并不是在宣扬唯心主义，而是很多情况下，哪怕人们因为外界的环境而受到挫折，只要内心拥有希望和勇气，他们也就依然能够保持决绝。在这种情况下，我们当然要更加坚信自己，而不要随意否定自己。心理学家发现每个人都有巨大的潜能，这种潜能就像一头沉睡的狮子，也像是隐藏在人身体里的能量宝藏。还有心理学家指出，即使是最伟大的科学家，也只发挥和利用了自身百分之十左右的潜能，由此可见潜能的力量实在是很强大的，而且充满无限的可能性。在这种情况下，当再次遭遇人生的坎坷困境时，我们还要继续保持沉默吗？当然不是。我们应该努力地让自己崛起，从而让人生拥有更多的可能性。事实上，人生并不像我们所想的那样一帆风顺、顺遂如意。正如人们常说的，人生不如意十之八九，每个人在人生中都会遇到各种各样的困难和障碍，也会遭遇形形色色的挫折。与其让人生就此沉沦下去，不如接受失败，从而给人生及时止损。唯有如此，我们才能养精蓄锐。要知道，我们的失败并不是败给别人，既然如此，我们当然要意识到，唯有让自己强大起来，才能真正战胜自己、赢得成功。

古往今来，很多人都在证明战胜自己的重要性，诸如一些伟大的登山家在攀登那些世界高峰的时候，居然不随身携带氧气瓶。这是因为他们相信自己的身体能够突破极限，创造奇迹。当然，这是有很大风险的行为，只有专业人士才能做出相关的决定。作为普通人，我们要尊重生理的规律，而不要盲目地打破身体的极限，因为这会给身体带来不可逆转的伤害。所以，我们要更加了解自己的身体状况和心理状况，才能让人生实现伟大的成功，也才能让人生拥有更美好的未来。

生活中，有很多人都抱怨生命不如意，因为他们觉得自己已经拼尽全力，但是却没有办法获得成功。实际上，这并非是他们的努力还不够，也不是因为努力的方法不对，而是因为心中的恐惧。恐惧，是人们难以逾越的高墙，会给人生设定界限。正如一位名人所说的，人最大的敌人就是自己。的确如此，一个人如果不能超越和突破自己，他的人生就会固定在相应的高度。记得很久以前有位心理学家曾经做过实验，即把跳蚤放在玻璃瓶里，让跳蚤往外跳。在玻璃瓶口没有遮挡物的时候，跳蚤总是轻而易举就能跳出玻璃瓶。然后，心理学家重新把跳蚤放到玻璃瓶里，又在玻璃瓶上盖了一个透明的玻璃盖子。跳蚤当然不知道此时的玻璃瓶和之前不一样，为此它依然竭尽所能地往外跳，但是每当跳到瓶口的时候，它就会狠狠地撞到玻璃瓶盖上。几次之后，跳蚤变得聪明了，不再跳那么高，只让自己跳跃时的高度维持在玻璃瓶口的高度。后来，心理学家把玻璃瓶盖拿走，跳蚤也依然无法跳出玻璃瓶，因为它已经进行自我限定，只允许自己跳到玻璃瓶盖的高度。现实生活中，有很多人也和跳蚤一样，虽然有着很大的潜能，但是因为自我限定，所以只让自己发挥固定的能力。如果能够打破玻璃瓶盖的高度，打破人生的瓶颈，那么很多人都能取得更好的发展。

从本质上而言，失败有很多种。一种失败是因为外界的条件而暂时处于失败的状态，而另一种失败则是发自内心否定自己导致的失败。这样的失败会让我们身陷绝境，内心绝望，甚至在面对人生时无所适从。众所周知，希望是人生的光，如果处于失望和绝望的状态，那么人生必然暗淡无光。在现实生活中，每个人都要把握好自己的内心，而不要因为人生的小小不如意就彻底放弃人生。否则，当我们自己都放弃了自己，又怎么能够要求世界对我们始终满怀信心呢？！

心怀感恩，不要放大自己的不幸

在面对人生中很多事情的时候，我们都会感到无端的恐惧，实际上这种恐惧并非来自外界，而是来自我们的内心。那么，我们的内心为何不能充满喜乐，反而充满恐惧呢？当然，这与外界有着密不可分的关系，最重要的在于当人生遭遇困境的时候，我们会情不自禁地放大自己的不幸，而缩小自己的幸运。在这种情况下，我们当然会对人生充满怨恨和憎恨，而不能够满怀感恩之心。例如，有的人在实现梦想的路上遇到很多挫折，他们就会觉得简直天塌地陷，哪怕再怎么小心谨慎，也不敢继续在人生的道路上冒险。再如有很多人怕受到小小的批评，也会觉得自己因此而受到全世界最大的委屈。所以他们从此之后就放弃自己的意见和想法，让自己默默无闻，从不发出自己的声音和主见。实际上，这都是因噎废食的行为，因为一个人哪怕在提意见的时候遭到批评和否定，也不应该从此之后就闭口不言。还有的人因为打破常规而遭到一定的伤害，难道此后就一定要僵化地遵守规矩吗？当然，这些都不是漠视人生的理由。我们一定要乐观地看待自己的不幸，才能更加从容坦然地面对人生的幸运。

实际上，人生不如意十之八九，没有人会因为生活中小小的不如意或者挫折就放弃人生，导致人生出现大的改变和转折。在面对人生的不如意时，我们也无须觉得整个世界末日就要来到，甚至从此之后把自己变成套中人处处谨小慎微，无法勇敢地去冒险。有的时候，很多朋友哪怕受到小小的批评就觉得万分委屈，因为他们总是感到自己是非常优秀的，因而对他人的批评没有丝毫的承受能力。实际上，在这个世界上没有任何人能一帆风顺，大多数人都要经历生活的坎坷和磨难，才能让自己变得更加坚强，也变得更加强大。所以我们必须怀着积极的心态对待人生，而不要总是悲观地看待这个世界，否则就会让人生的不幸更加放大，也会让人生的幸运更加缩小。既然哭着也是一天，笑着也是一天，我们为何不笑着度过人生的每一天呢？这才是人生中真正有智慧的人做出的明智选择。

作为一名青少年，小河总是对人生有很多的不满意。他正在读小学六年级，每天都要写四五个小时的作业，有的时候要到晚上十一二点才能完成作业。第二天早晨6点半，他又要睁开惺忪的睡眼，马上赶到学校。对于一个少年而言，这样的生活无疑是枯燥无味的，为此小河每天早上困倦地睁开双眼时，都会觉得气呼呼的，什么也不想做。他既不想笑着去刷牙洗脸，也不想带着愉悦的心情去吃早饭，只想躲在温暖的被窝里呼呼大睡。

有一次，小河与老师之间发生了小小的冲突，因为对老师不够尊重，和老师犟嘴，小河被老师严肃地批评，爸爸也被老师叫到学校。在和老师沟通过之后，爸爸觉得小河的错误并不是很严重，只要稍微加以教育和引导，让小河不再犯同样的错误即可。因此回家之后，爸爸并没有批评或者是海扁小河，而是耐心地给小河讲道理。不想到了第二天，老师得知小河没有挨揍，却说小河爸爸的教育方法不对，还说小河是欠揍的孩子。为此，冲动的小河在与老师交谈之后，就在班级的同学群里狠狠地骂了老师。在那一瞬间，可想而知小河的心里只有愤怒，而没有意识到老师平日里对同学的付出，更没有对老师的感恩。在这种情况下，老师当然是非常生气的，因而当即又把爸爸叫到学校。

听明白事情的始末，爸爸依然没有批评或者海扁小河，而是选择与小河沟通，解开小河心中的结。归根结底，爸爸和小河都意识到，是因为愤怒，小河才会完全忘记老师对自己的付出，也把感恩之心抛到脑后去了。平日里，小河是非常乖巧的孩子，谦逊有礼，也尊老爱幼。为此，爸爸苦口婆心地对小河说："每个人都会犯错误，这个世界上没有人是完美的，也不可能让所有的人都满意。越是遇到误解或者惹怒他人，我们一定要调整好心态，既要看到他人不好的地方，也要看到他人的优点，唯有如此，我们才能做得更好，处理好人生中很多棘手的事情，而避免事情变得恶化。"听了爸爸的话，已经平静的小河认真地点点头，心服口服地说："爸爸，你说得对！我以后一定要改变自己，控制好自己的情绪。"

在人生之中，很多人都非常幸运，他们不管遇到什么问题，都能积极地解决问题，也能如愿以偿地实现心愿，这是因为他们能够放大自己的幸运，而缩小自己的不幸，所以才能在人生中充满正能量。与他们相比，有些人则恰恰相反，他们总是不停地抱怨，人生也消极悲观。殊不知，在营造了人生负能量的气场之后，他们就会变得更加被动，也会导致人生更多的不幸。所以任何时候都不要给自己营造负面的生存环境，只有积极乐观勇敢面对，人生才会充满动力，勇往直前，也做出一番成就。

在遭遇人生的坎坷挫折时，一定不要情绪低落，更不要沮丧绝望、怨天尤人，因为这些负面情绪只会让你的情况越来越糟糕，与其深陷这样的负面情绪中无法自拔，还不如努力地改变自己，让自己更加积极乐观。无论如何，太阳都将照常升起，既然如此，我们为何不怀着希望去面对明日的到来呢？每个人都会有自己的幸运，也都会有自己的不幸。人与人的人生、命运之所以截然不同，是因为有人会把自己的不幸缩小，而有人则总是把自己的不幸不断放大。当不幸到来的时候，我们一定要怀着积极乐观的心态，客观评价不幸，也拼尽全力消除不幸，从而避免让人生陷入被动的局面。

你知道墨菲定律吗

墨菲定律告诉人们，当你越是担心一件事情，那件事情就越有可能变成现实。这到底是为什么呢？这是因为消极的心态会潜移默化地改变人的命运，也会让人的生活发生翻天覆地的变化。尤其是当一个人在拥有消极心态的时候，他的内心就会充满负能量，也会被恐惧充斥，导致人生无法收获阳光明媚。世界上的很多事情都非常神奇，当我们把这件事情往好的方面想，我们就会情不自禁地做出相应的举动，也努力推动事情朝着好的方面发展。与此相反，当我们把事情朝坏的方面想时，我们就会情不自禁地把事情往坏的方向去做，而导致事情真的如我们所担心的那样变成现实。所以要想摆脱墨菲定律的纠缠，我们就必须尽量把事情往好的方面去想，这样我们才能战胜内心的恐惧。也才能避免潜移默化地把事情往不好的方面去推动发展。可想而知，当我们的内心充满积极的正能量，很多问题都会得到解决，很多困境都会被打破。

这个世界上没有人能够成为无所不能的上帝，每个人都会遭遇恐惧的心态，也会因为那些负面的心理因素而消耗人生的大量能量。在这种情况下，要想摆脱负面因素的影响，就一定要端正心态，而不要让自己的内心充斥着紧张不安的情绪。从唯物主义的角度来看，很多事情都有两面性，既有好处也有坏处，所以我们不能要求每件事情对于我们而言都是好处，而是勇敢地接受这件事情给我们带来的负面影响和弊端。与其让恐惧使我们担心的事情变成现实，还不如怀着轻松的心态勇敢地面对人生，这样才能让恐惧渐渐消退。换言之，人们越是害怕某件事情的发生，那件事情就越容易成为现实。有些人想不明白其中的道理，其实只要举个简单的例子，就会恍然大悟。例如，一个人口袋里揣着从银行刚刚取出来的10万块钱，那么他因为担心钱被小偷偷走，也担心钱不翼而飞，所以总是时不时地就去摸一摸钱是否还在原处。当他频繁地做出这个举动时，在暗处观察的小偷就会发现他的异常，从而对他做出偷窃的行为。这样一来他的钱就真的不翼而飞，他所担心的和不愿发生的事情也就真正变成现实。所以，并非墨菲定律有什么神奇之处，而是人在消极情绪的影响下会做出反常的举动，也会给他人不当的暗示。

自从装修了新房子，乔乔就非常紧张。她和丈夫结婚的时候是裸婚，只是租了一间普通的小平房，也没有盛大的婚礼，更没有甜美的婚纱照，甚至没有一枚简单的戒指。他们就这样一无所有地举行了婚礼，从此开始平淡而又努力奋斗的生活。在经过十几年的奋斗之后，他们终于积攒下一笔钱，才买了现在的房子。为了装修这套房子，乔乔几乎花光了所有的钱，还从银行借了一部分贷款。看到乔乔如此郑重其事的样子，丈夫总是觉得不理解，说：“你这弄得和结婚一样，一套房子能住多少年呢？你居然要在装修上面花这么多的钱。”乔乔嗔怪地对丈夫说：“我心里其实是有心结的，总觉得自己结婚并没有很隆重，所以才会对人生中真正意义上第一个安稳的家倾注心血，希望把它弄得更好。”乔乔这么说，丈夫也就不再说什么，谁让他结婚时没有满足乔乔的公主梦呢！

在经历了三个月的折腾之后，乔乔终于在装修好新房之后迫不及待地搬进新家。然而，自从搬进新家之后，乔乔就生活得很累，因为她似乎被这套房子给拖累住了。就在刚才，6岁的女儿不小心打翻果汁，把果汁洒在地板上，乔乔马上就开始训斥女儿："你能不能小心一点呢？这么大个人，喝果汁还要洒到地上，你可知道这个地板都是妈妈用真金白银买来的。要是弄坏了，咱们还怎么住呢？"一开始丈夫还能勉强忍受乔乔，后来看到乔乔总是对房子神经过敏，终于忍不住说："如果你总是这样，咱们还不如住在租来的破房子里，至少孩子还能无忧无虑地玩耍，你也不会整天提心吊胆担心你的地板。"听到丈夫的话，乔乔虽然很生气，但是冷静下来仔细想想，觉得自己可能的确有些过分。

乔乔扪心自问：房子是用来住的，还是用来爱护的？当然是要先满足居住的功能，才能适当爱护。思来想去，乔乔觉得自己真的是本末倒置，原本买这套房子是为了让家里的生活条件更好，给孩子更好的居住环境，但是如今却为了房子总是每天吓得孩子动也不敢动，走在地板上都怕把地板踩坏了的样子，让乔乔不由得心疼起来。她努力地说服自己，告诉自己房子与生活的意义，叮嘱自己不要把房子凌驾于生活之上。她好不容易才做通自己的工作，这样也就能够从容地住在新房子里。

实际上，乔乔的紧张情绪也会传染给家人，让家人做出乔乔担心的事情。例如6岁的女儿，就因为总是担心弄脏地板，所以反而在喝果汁的时候手忍不住一哆嗦，真的就把地板弄脏了。在遭到妈妈的批评之后，孩子还怎么可能有心情喝果汁呢？所以唯有让乔乔真正放松下来，全家人住在新房里才能更快乐、更放松，也不至于生活中总是充满不愉快，弥漫着紧张的气氛。

从唯物辩证主义的观点来看，凡事都有两面性，一件事情既有好处也有坏处，既有积极的作用也有消极的作用。我们不能因为一件事情对自己有利，就心花怒放。或者当发现某件事情对生活不利时，又满心沮丧，甚至失去信心。正如伟大的哲学家叔本华所说的，事物本身并不能影响生活，真正影响生活的是人们对待事物的看法。所以我们一定要摆正自己的心态，端正自己的态度，从容应对人生的各种意外，这样人生才会更加坦然从容，也才会得到更好的发展。

第3章

打造充满正能量的人生气场，远离恐惧

人生是有气场的，这气场的力量就像吸铁石的磁场一样，只不过吸铁石是同极相斥，异极相吸，而人生的气场则会吸引相同的能量，而排斥相反的能量。既然如此，我们当然要打造人生的正能量磁场，这样才能在人生中吸取更多的积极力量，而不让人生充满负能量，否则就会导致人生变得过于消极悲观。当内心充满积极正向的能量，我们也就能够消除内心的恐惧，从而让人生变得充满活力、昂扬奋发。

输得起的人，才能赢得起

现代社会，很多年轻人心理上都非常脆弱，他们哪怕遭受小小的打击，都会感到信心全无，甚至沮丧绝望。同样的道理，他们也经不起赞美。即使有人漫不经心地赞美他们一句，他们也会立刻沾沾自喜，甚至自高自大起来。不得不说，这样脆弱的心态经不起赞美，也经不起失败，必然会给年轻人的成长带来很多困扰。一旦遭遇失败，年轻人就会一蹶不振，一旦有了小小的成功，他们也会因此而狂妄自大。在有了小成就之后，他们满心都是飘飘然，认为自己是能力超群的人，也是无所不能的人。实际上，这些过度自信的人都是人生的弱者，真正的人生强者，不管是面对失败还是成功，都能做到淡然处之。他们既不会因为身陷困境而沮丧绝望，也不会因为一时的成功就感到兴奋，更不会计较人生的成败得失。所以说，要想成为人生的强者，首先要调整心态，锤炼人生态度，这样才能在人生中闲庭信步，不至于惊慌失措。

没有人的人生是一帆风顺的，在被他人指责心态脆弱的时候，不要说自己的人生总是顺遂如意，因为除了上帝没有任何人能保证自己的人生一帆风顺。作为普通人，我们一定要坦然接受人生和命运的赐予，在遭遇困境的时候不退缩，在身处顺境的时候不得意扬扬。唯有如此，我们才能输得起，也能赢得起，因而更有资格被称为人生的强者。在面对人生的高低起伏时，我们一定要从容坦然，唯有保持理性和理智，我们在人生中才会有更加出色的表现。

大学毕业后，小刘对于自己的求职之路很不满意，整整四个月的时间里，他一直在找工作，但是却始终没有找到让自己心仪的工作，为此他感到备受打击，也觉得自己彻底遭遇了失败。有一天，他参加完面试之后一个人漫无目的地在街道上游逛，不知不觉间来到一个广场上。

看到广场上簇拥着很多人，小刘赶紧走过去，也想看看热闹。原来有一个年轻人正在广场上跳街舞，他的动作非常熟练，让围观者情不自禁地鼓起掌来。看着年轻人充满活力的样子，小刘也受到感染。这个小伙子为何如此充满活力呢？他为什么要在广场上表演呢？等到围观的人群散去，小刘和年轻人攀谈起来，这才知道年轻人在附近的饭馆打工，平日里就刻苦练习街舞，每天他都会来广场上跳舞，就是希望把自己展示出来，也寻找到人生中的伯乐。听完年轻人的话，小刘心中涌起异样的感觉。他反问自己：为何我只能赢得起，却输不起？为何面对人生的困境，我不能努力争取去赢呢？我只是没有找到合适的工作而已，我依然有地方住，有饭吃，我还可以继续寻找工作。只要我不那么挑剔，我甚至很容易就能找到工作，我还有什么值得抱怨的呢？看看这个年轻人热情如火的舞蹈，他真是用尽全力在跳舞，我也应该让自己的人生如同这舞蹈一样活力四射。

转变思想之后，小刘不像最初那样对工作挑三拣四。他虽然希望找到一份让自己满意的工作，但是也意识到不可能凡事都顺心如意，所以他适当地降低找工作的标准，结果很快就找到了工作。在工作的过程中，他意识到只有知识是不够的，还要有经验才能在工作中有更好的表现，为此他积极地向老同事请教，也在不断努力的过程中提升和完善自己，让自己有更大的发展空间。

没有人的人生是只赢不输的，对于大多数的人生而言，偶尔输几次，其实无关紧要，只要我们的心始终昂扬向上，那么即便面对失败，也能够踩着失败的阶梯，从失败中汲取经验和教训，提升和完善自己。只有接受人生的磨砺，我们才能变得更加强大，人生的成长也会更加快速。人生就像是变幻无穷的天空，有阳光的时候，我们当然要接受阳光的抚摸和照射；在阴雨连绵的日子里，我们更要怀着一颗快乐的心，才能避免被天气影响心情。

在人生之中，只有输得起的人才能赢得起，否则一个人如果面对失败一蹶不振，那么就无法调整好心态，更不可能坚持不懈地努力和奋斗。每个人都有属于自己的人生，都是自己人生的主宰，在这种情况下，哪怕作为普通人，我们也要更加努力，才能让人生迸发出别样的光彩。

缺乏勇气，让一切都成为不可能

每个人都是一座宝藏，蕴含着无限的能量，与其让这些这些宝藏在身体中沉睡，还不如将这些潜能发掘出来，为人生创造更多的价值。遗憾的是，现实生活中有很多朋友都缺乏自我意识，也没有勇气，或者已经习惯自轻自贱地贬低自己。他们无法看到自身的优点和长处，更意识不到自身蕴藏着无限的能量。这样一来，他们当然不会主动开发自己，更不会给自己的人生带来更多的机会和可能性。缺乏自信的人，不但会无视自己的能力，而且还常常对自我设限，让人生被困于界限之内，无法取得更好的发展。这样的人总是告诉自己人生中有很多事情都是不能做到的，或者告诉自己很多困局是无论如何努力也不可能突破的。可想而知，在这种心态的影响下，他们如何能够拼尽全力突破自己的极限，让自己获得更好的发展呢？还有的人因为不够自信，总觉得自己如果做不好，就会遭遇他人的挖苦和嘲笑，因而不愿意挑战自身的极限，更不愿意突破和超越自己。殊不知。人生中没有任何消极的人能够突破自我，而一个人只有对人生怀着积极勇敢的态度，才能够抓住转瞬即逝的好机会，从而让人生有与众不同的发展。

面对人生的潜能，我们明明可以获得更好的发展，如果仅仅是因为缺乏勇气，就禁锢自己，让自己无法获得好的发展，那么这无疑是非常糟糕的表现。对于人生而言，只有更好地面对人生，才能够创造精彩的人生。否则，当我们自我设限，也自我否定，又如何有勇气去挖掘自身蕴含的宝藏呢？人人的内心里都蕴含着巨大的能量，只有意识到能量的存在，意识到自身的价值，我们才能不断地尝试发掘人生的宝藏，充实人生的力量，也让人生惊天动地。

小学老师刘丹非常认真负责，每天放学后，为了帮助班级中后进的同学查漏补缺，她总是要布置几道题目给后进的同学带回家里去做。等到第二天，她再在正常的课业活动之余修改这些题目，把重点或者难点讲给后进的同学听。有一天，刘丹给同学们布置题目的时候有些着急，不小心给一位同学多布置了一道题目。这位同学回家之后很顺利地做完其他的题目，唯独面对这道本不该出现的题目，感到非常为难，因为他根本不知道应该如何计算。

这个同学很清楚老师是为了帮助他们进步，才会这样煞费苦心，因而他丝毫没有想要放弃，而是继续努力地推算。他整整思考了一个夜晚，直到第二天清晨才把这道题目解答出来。当他把这道题目交上去时，刘丹不由得惊讶万分，因为这道题目是她昨天刚刚从网络上找到并且打印下来的，一直以来都是数学界的难题，从来没有人能够找到答案。

面对这样的结果，刘丹当然不知道那位同学是如何解答出来的，她赶紧认真询问那位同学。不想，那位同学却说：“我只是用了一个晚上的时间，认真地推算不行，就尝试其他的方法，最终才能解答出来。”就这样，那个被刘丹认为能力比较弱、相对后进的同学最终在数学上做出了伟大的成就，也因此成为数学界大名鼎鼎的学者。

很多老师都会对学生进行分类。最好的学生被分为优等生，普通的学生被分为中等生，最差的学生被分为差生。实际上，学生根本没有所谓的优劣之分，只是每个学生对于学习的天赋不同，在学习上表现出能力的时机也各不相同而已。例如，有一些早慧的学生早早地就能够在学习上有出类拔萃的表现，而有些学生则相对落后和愚钝，他们不知道应该如何表现自己的学习能力，所以在入学前期会表现得相对后进。等到他们大器晚成，一发而不可收拾地表现出自身的能力之后，就会一鸣惊人。在这个事例中，如果不是因为这个偶然的题目，也许刘丹永远无法发现那个同学在数学方面的天赋。

对每个人而言，只要在学习的过程中用尽全力去学习、去尝试，那么很多事情都会成为可能。伟大的成功学家卡耐基曾经说过，人人都拥有无限的潜能，当这种潜能被释放出来的时候，力量简直超乎人们的想象。所以每个人在人生中遭遇逆境的时候，一定不要过于忧虑和担心，也不要因此而害怕人生之路会更加艰难，更不要从此就认定自己会失败，无法取得好的发展。要知道，每个人的发展都是永无止境的，只要自己不给自己设限，那么面对任何难题，人们都能找出最终的解决方案，最关键的在于我们对于人生的困境要有必胜的信念，这样人生才会拥有源源不断的动力和发展的后劲。

不要埋没自己

对于人生而言，最大的悲哀不是能力不够，无法实现自己的理想和梦想，而是不知道自己有多大的能力，最终因为妄自菲薄而错失最好的发展机会，导致人生陷入尴尬的境地。毋庸置疑，这样的过程将导致人生被埋没，而没有发掘自身的潜力，让人生绽放出异样的神采。毫无疑问，没有人愿意被埋没，因为这是对生命的委屈，也是对生命的错过。要想在短暂有限的生命中最大限度发挥自身的能力，让自己成为真正勇敢强大的人，我们就要不忘初心，坚持本心，也要相信自己的能力和品格。现实生活中，很多人都妄自尊大，也有人妄自菲薄，实际上对于每个人而言，对待自己最好的态度是不卑不亢、客观公正。唯有认识自身的优点和缺点，也知道自己的长处和短处，我们才能发扬自身的优势，从而让自身得到更好的发展。

在人生之中，最痛苦的事情并不是遭遇无数次的失败，而是明明自己能力很强，却不知道自己的能力有多么强，最终让自己本能做成的事情以失败为结局。这样的情况显然是每个人都不愿意看到的，唯有真正发掘出自身的潜能，我们才能给予人生更好的未来。

作为举世闻名的游泳健将，查德威克是全世界第一个成功横渡英吉利海峡的女性，也正因为如此，她在全世界都享有很高的声誉。人们难以想象，作为一个柔弱的女性，查德威克能在冰冷的海水中游过漫长的距离，甚至在周围荒无人烟、没有任何资源和精神支撑的情况下，也依然能够督促和鞭策自己不断地向前游动。然而，即便是这样一个游泳健将，查德威克在再次对自己发起挑战的时候，却遭遇了失败。这次失败，并非是因为查德威克的能力不足，而是因为她的视野受限，也因为她低估了自己的能力，所以才导致她再次挑战自我失败。幸运的是，查德威克并没有因此而放弃努力，反而从失败中汲取经验和教训，最终成功地实现对自己的挑战。

那一天，查德威克从卡德林那岛出发，想游往加利福尼亚海滩。在成功横渡英吉利海峡之后，查德威克很想乘胜追击，为自己的人生添上浓墨重彩的一笔，以自己又一个成功再次让世界震惊。然而，她千挑万选的日子到了，那天天气很不好，海面上弥漫着浓重的雾气，海水也因为得不到阳光的照射而变得冰冷刺骨。她非常努力地游往既定的目的地，在游了整整16小时之后，她觉得自己浑身都冻得麻木，也感到自己已经用尽了力气。然而，哪怕她竭尽全力向远方看去，也依然只能看到浓重的雾气，这使她的内心变得忐忑不安。目的地遥遥无期，我根本不可能到达。在这种想法的影响下，她要求终止挑战，也提出要上船。虽然船上的母亲与教练都鼓励查德威克一定要继续坚持，并且告诉她马上就能到达海岸，但是她却不愿意相信，因为她眼前只有浓雾。

上船之后，查德威克马上裹上厚重的毛毯，双手捧着他人递给她的一杯热茶瑟瑟发抖。然而，不等她喝完一杯热茶，船就已经到达岸边。原来，查德威克真的已经距离岸边不远，她并非不能完成这次艰巨的任务，而是被浓雾蒙蔽了眼睛，也蒙蔽了心灵，所以才会在距离岸边只剩下一英里的时候选择放弃。对于这个原本能够完成的任务，查德威克感到非常遗憾。

在这个事例中，查德威克之所以失败，就是因为被迷蒙的浓雾遮挡了眼睛，所以始终看不到目标。当前路漫漫的时候，人们未免觉得内心空虚，也觉得目标遥遥无期。当觉得自己无论再怎么努力也不可能到达目的地时，查德威克必然开始怀疑自身的能力，也因此提前终止挑战任务。对于自己本应该完成的艰巨任务却最终失败，查德威克也感受到深深的挫败感，觉得深受打击。实际上，现实生活中的很多人并不是因为失败而感到懊恼，而是因为没有成功完成自己本该完成的事情。这也告诉我们，对于每个人而言，最关键的在于肯定自己、相信自己，这样才能激发出自己所有的力量。

现实生活中，我们应该积极乐观地面对生活，而不要总是消极被动。越是在危急的情况下，我们越是应该相信自己，并且要理智地思考问题，从容应对和解决难题。唯有如此，我们才能调动自己的所有资源去创造生命的活力，也才能够改变生命的轨迹。细心的朋友会发现，很多时候人们觉得已经陷入绝境，却能够山重水复疑无路，柳暗花明又一村，这就是因为他们在面对人生困境的时候从来不怀疑自己，由此激发出潜藏在内心的巨大力量，最终获得成功。

真正的赢家不害怕失败

每一个成功者在获得成功之前都要经历最黑暗的时刻，是因为他们在人生的挫折和苦难面前从不放弃，能够坚持不懈、勇往直前，鼓起勇气奔向人生的彼岸。正因为如此，所以他们才能最终获得成功。否则，一个人如果面对失败就一蹶不振，那么他再也没有成功的机会。曾经有人说过，所谓成功，就是尝试的次数比失败更多一次。由此我们可以看出，成功是需要坚韧不拔的信心和毅力的，否则一个脆弱的人在失败的打击下必然一蹶不振，失去奋斗的动力和坚持的信心。几乎可以肯定，每个人都要从失败中崛起，踩着失败的阶梯不断进步，才能最终获得成功。这样的行为说起来容易，做起来并不容易。只有在失败的过程中总结经验和教训，迎着困难而上，绝不退缩，把别人的无情嘲讽和挖苦都转化为获得成功的源源动力，我们才能为人生争取到更多成功的机会，让人生有彻底转运的可能。古往今来，大多数有所成就者之所以能够获得成功，就是因为他们在跌倒之后对人生有所领悟，而不是懵懂地爬起来继续跌跌撞撞向前走，或者趴在原地再也不起来。他们会给予自己时间冷静地思考，反思自己哪里做得更好，哪里做得还不够。经过如此深刻和卓有成效的反思之后，他们在面临各种挑战和机会时，才能够理智面对，也才能够果断地做出选择。

记住，成功从来不会从天而降，更不可能一蹴而就。每个人唯有拥有能力承受挫折，才能够改变自己未来的命运。成功从来不是一个温暖的避风港，而是一段艰难跋涉的旅程。在奔赴成功的过程中，每个人都希望成为赢家，都希望自己能够在此期间收获卓有成效的方法。实际上，理想总是丰满的，现实总是骨感的，很多人发现，成功只属于不畏惧失败的人，而不会成为那些胆小怯懦者的收获。所以每个人要想获得成功，就一定要挑战自己，而不要随随便便埋没自己。

生活中狂妄自大的人有很多，妄自菲薄的人也不少，相比前者的自信与狂妄，后者的自轻自贱让人更加难以接受。这是因为对于人生而言，如果我们首先否定了自己，那么就不可能真正地发掘出自身的潜力，更不可能获得成功。由此可见，只有不怕失败的人才能成为最终的赢家，也只有勇敢发掘自身潜力的人，才能在人生之中有更好的发展。

在历史上，威林顿与拿破仑进行了不止一次交战。在每次交战中，拿破仑都大获全胜，而威林顿则节节败退。威林顿感到很纳闷，因为他不清楚自己到底哪里做得不够好，总是成为拿破仑的手下败将。

这一次，威林顿率领大军又败在拿破仑手下。这是前所未有的决斗，威林顿在表现出落败的迹象后，竭尽全力率领仅剩的部队突出重围，才能够逃得活命。在一个偏僻的山村里，威林顿想起自己的失败，不由得感到非常绝望。他不知道自己为何逃脱不了失败的厄运，正当他否定自己且万分沮丧时，突然发现一只蜘蛛正在墙角辛苦地织网。这只蜘蛛非常努力，虽然它吐出来的线太细，经不起微风的吹拂，总是会断开，但是它却从来不感到绝望，总是不停地在编织新网。

威林顿观察了很长时间，发现蜘蛛没有结成自己想要的网，再联想起自己的屡战屡败，他不由得对蜘蛛感同身受。他觉得蜘蛛的一次次失败就像自己在战争中的失败一样，看起来，一切都陷入绝境，无处突破。让威林顿感到惊讶的是，弱小的蜘蛛并没有因为失败而放弃结网。与此相反，蜘蛛在经过一番准备之后就再次开始结网工作，威林顿不由得感慨万千，发自内心地希望蜘蛛能够停止这样徒劳无功的工作。但是蜘蛛却一次又一次踩着失败的阶梯继续努力，在失败了六次之后，威林顿原本以为蜘蛛一定会彻底放弃，没想到蜘蛛又努力了一次。正是在这最后的第七次结网中，蜘蛛终于如愿以偿地结了一张牢固的网。威林顿不由得深受感动，甚至忍不住地流下泪来。他知道自己接下来该做什么，正是这只勇敢顽强的蜘蛛给他深刻的启示。

后来，威林顿破釜沉舟，率领大军在滑铁卢彻底战胜拿破仑。也正是在这场战役中，拿破仑不再是神一般的常胜将军，而被威灵顿彻底打败。

在历史上，滑铁卢战役赫赫有名，无人不知，无人不晓，却没有人知道威林顿正是从一只蜘蛛的身上得到深刻的启示，他并没有因为自己总是败给拿破仑而彻底放弃，反而在滑铁卢真正战胜了拿破仑，让欧洲的历史也因此而改写。

古往今来，很多伟大的人都是在遭遇无数次失败之后才获得成功的，例如好莱坞大名鼎鼎的功夫巨星史泰龙，在获得成功之前曾经被拒绝过1300多次。再如爱迪生发明电灯的时候也尝试了1000多种灯丝材料，进行了六七千次实验，最终才找到最适合做灯丝的材料。对于普通人而言，简直难以想象一个人在遭遇这么多次的失败之后依然能够鼓起勇气继续尝试，但是对于成功者而言，他们很清楚不断尝试、绝不放弃恰恰是获得成功的必要因素。记住，对于任何人来说，失败都只是人生的一个驿站，是人生停下来休息和补充给养的地方。只有在休息并且补充给养之后继续奋发向前，人生才能到达最终的目的地。

挫折只是人生的过客

心理学家经过研究发现，大多数人先天的条件其实相差无几，而之所以人与人之间在后天的发展中相差迥异，是因为他们面对人生有着截然不同的态度。尤其是在面对挫折和失败时，有的人把这挫折和失败看作人生的灭顶之灾，由此一蹶不振，不愿意再努力奋斗，更不想以积极的状态面对人生。有的人却恰恰相反，他们把失败视为对人生最严酷的考验，甚至把失败看作人生的敌人。正因为如此，他们在与失败博弈的过程中越挫越勇，表现出极度的勇敢。哪怕是被失败打倒，他们也绝不气馁，而是继续勇敢地站起来与失败抗衡。海明威笔下的桑迪亚哥老人在面对残酷的大海和凶残的大鱼时，丝毫没有放弃自己的努力，哪怕已经精疲力竭，也不愿意倒下。正如桑迪亚哥老人所说的，一个人尽可以被打倒，却不能被打败。从桑地亚哥老人身上，我们可以看到顽强不屈的精神，虽然他辛辛苦苦捕捉到的大鱼最终被鲨鱼吃光了，但是他却把鱼的骨架子拖回了岸边，这正是他顽强精神的证明。

现实生活中，像桑迪亚哥老人一样的人实在太少，大多数人面对熙熙攘攘的社会和现实，总是感到身心疲惫。在现代职场上，很多年轻人求职时总是遭遇困境，哪怕是面对很多很好的机会，他们也因为眼高手低而不愿意抓住。而有的人却愿意把自己放低，他们知道自己虽然有学历，却没有丰富的经验和很强的能力，为此他们愿意从最底层的工作做起，让自己在人生中有更好的收获。

正是因为这样不同的态度，使得每个人的人生境遇也是截然不同的。有的人在学校里成绩非常优秀，而有的人在学校里成绩却很差。在这种情况下，他们当然要更加坚持和努力，才能在人生中有好的发展。否则，他们一旦自暴自弃，连自己都放弃自己，又怎么可能找到发展和成就自己的机会呢？！

一次失败并不会让人生彻底失败，只要我们的心中始终有希望，始终相信自己，我们就能从失败中拔地而起，也让人生有截然不同的结局。很多人都知道美国总统林肯在竞选总统成功之前遭遇过很多次失败，但是这些失败并没有让他沉沦，反而使他更加坚强。在遭遇致命的打击之后，林肯选择为自己疗伤，之后再次勇敢地站起来，继续在人生之路上走下去。直到成为美国总统，他才彻底改变命运，从此之后在美国政坛上大展身手，凭着自己的才华领导美国人民不断发展。正是在林肯的坚持下，奴隶制度被废除，南北战争也彻底结束，美国从此进入和平年代。有人说林肯的一生大多数时间都在失败，但是失败对于林肯而言并不是致命的打击。他能够超越失败，让人生进入新的境界，显而易见，失败对于他是人生的养分，而不是人生的绝境。

任何时候，一次小小的失败和挫折都不可能代表人生发展的永恒方向，我们唯有让自己变得更加贴近生活，才能在滚滚红尘里找到人生的踪迹。记住，失败是人生一个小小的驿站，在这个驿站中，我们可以暂时停下脚步反思自己，也可以为自己补充给养，这样才能在未来的道路上更加快速地进步。总而言之，不要把失败作为人生的悲歌，而要把失败作为人生新的起点，这样才能开足马力尽快到达人生的终点。

第4章

为自己“摆渡”，创造精彩的人生

对于人生，每个人都有自己的渴望和憧憬，然而实际上，人生并不会总是让人如愿以偿，也不会按照我们的心愿去发展。对于大多数而言，要想创造充实精彩的人生，就必须学会为自己摆渡，为人生摆渡，才能让一切都朝着预期的方向发展，或者即使人生有遗憾，也绝不沮丧绝望。

唯有战胜自己，你才能拥有一切

人生就是一场战争，不但在与客观存在的外界进行搏斗，也在与自己进行不断的搏斗。每个人不但与天斗，与地斗，也与那些形形色色的人斗，更是每时每刻都也在与自己搏斗。这是因为人最大的敌人就是自己，而人生的本质，实际上就是与自己作战。对于每个人而言，唯有超越自己、突破自己，才能最终战胜自己，也才能针对人生打一个漂亮的翻身仗。很多自卑的人根本意识不到这一点，他们觉得一切都是由外界决定的，而忽略了自身的力量。他们总是徒劳地把自己与其他人进行比较，唯有以其他人为标杆，证明自己的成功和进步，也才能超越这一切困境。其实他们根本就没有发现一个人哪怕已经征服全世界，而如果没有超越自己，总是被局限在心的囚牢中，那么他们依然是地地道道的人生失败者。与此恰恰相反，哪怕一个人被整个世界所抛弃，但是他却能够战胜自己的内心，成为命运的主宰，那么他就是地地道道的成功者，而且他总能够找到机会来证明自己的与众不同和出类拔萃。

曾经有人说，男人靠力量征服世界，而女人靠征服男人来征服世界。同样的道理，一个人只有先征服自己，才能让整个世界都拜倒在脚下。这句话尽管听起来有些玄妙，实际上却非常有道理，而且这道理贴近生活的实际，也异常深刻，揭示了人生的真谛。记住，唯有打赢与自己的搏斗，我们才能证明内心世界的强大、精神的傲然屹立，也才能征服整个世界。

现实生活中，相当一部分人都有很强烈的自卑情绪，这种自卑的情绪既来源于对自己不能做到客观公正的认识，也来源于他们总是盲目地把自己与他人进行比较。实际上，一个人如果总是把目光盯着别人，那么生活的重心也就会围绕别人展开，最终他们必然因为别人的任何风吹草动而导致心绪不平。尤其是在看到别人获得成功的情况下，他们就会更加自卑，也会觉得自己一无是处。

实际上，这并不是他人真正征服了我们，而是我们把自己当成进步的拦路虎。要知道，每个人的力量都来自自己的内心，当我们感到心中的力量松懈时，又如何能够战胜他人获得成功呢？很多时候，人们喜欢以成功或者失败来进行简单粗暴的判断，进而断定人与人之间的博弈与较量情况。从本质上而言，这是非常不合理的，因为一个人如果有勇气战胜自己，他就是真正的强者。哪怕他在比赛中最终失败了，也并不能说明什么。相反，一个人如果能够不断地坚持进步，征服整个世界，但是却不了解自己的内心，也就无法做到主宰自己。如此一来，他注定是地地道道的失败者，是根本不可能获得任何胜利的。

生活原本就是艰难的，每个人要想在生活中有突出的表现，就一定要不服输，也要勇于自我超越。越是对人生期望更高的人，就越是应该成为人生中的角逐者，也更有可能成为人生中不折不扣的成功者。否则，当遭遇内心的空虚，他们就无法成为真正的强者。

在与自己斗争的战场上，我们一定要坚持立场，绝不轻易妥协。记住，你虽然是这个世界上如同尘埃一样的存在，但却是与众不同的。你是这个世界上最独特的存在，也有资格相信自己，更要不断捍卫自己。唯有如此，你才能真正赢得人生，也才能真正驾驭人生。

永不服输，敢于对人生下达命令

一个人要想真正地战胜人生，就要学会成为人生的主宰，就要对人生下达命令。这样的人总是对于未来有着清晰的规划，因而在奋斗的过程中充满源源不断的动力，也充满了让人激动的活力。对于普通人的人生而言，对人生的梦想就是岁月静好、现世安稳，而实际上，人生从来不是安静而美好的。在人生之中，每个人都要面对各种各样的意外，甚至是危机，所以人们唯有对自己提出要求，才能让自己在人生之中逆水行舟，占据主动。否则，当被人生逼迫到死角，我们还如何能够成为人生的主宰，对人生发号施令呢？

人生之中，有的人总是轻而易举能获得成功，而有的人哪怕付出很多努力，却还是与失败结缘。归根结底，原因在于他们对人生根本没有确定的要求，总是在生活的推动下往前走。甚至当生活从后面扑上来的时候，他们还会被生活的浪涛推得无所适从，这就是因为他们对于人生的态度不同。但是，对人生下达命令的人对人生是积极主动的，随着人生的浪推动着往前走的人，对人生是消极被动的。由此，后者对于人生变成被动，他们忍不住地感到恐惧，也恨不得马上就逃开远远的，从而在困难面前缴械投降。毫无疑问，这并不是强者的所为，在人生中真正的强者总是能够发挥自身的力量，从而让自己拥有更多的勇气。

大学毕业后，小雅不但与谈了三年的男朋友分手，而且找工作的过程中也遭遇了困难，处处碰壁。在这样接二连三的打击中，小雅失去了人生的方向，她不知道自己接下来如何走好人生的道路。当很多问题接踵而来的时候，小雅简直觉得心力交瘁，无力招架。看到小雅如此迷茫的样子，爸爸不由得感到心疼。为了帮助小雅解开心中的疙瘩，爸爸特意把小雅约回家，然后带着小雅走进整齐有序的厨房。

小雅不知道爸爸的用意何在，在成长的二十几年时间里，小雅从未进过厨房，总是妈妈或者爸爸在厨房里忙碌。看到爸爸莫测高深的样子，她还是顺从地跟着爸爸来到厨房。只见爸爸拿出三口锅，分别在锅里注入冷水，然后把锅放在炉子上燃烧。很快，锅里的水就沸腾了。只见爸爸拿出三件东西：一包咖啡、一根萝卜、一个鸡蛋。爸爸先把萝卜放到锅里煮，然后又把鸡蛋放到第二个锅里，最后才把咖啡放入第三个锅里。小雅不知所措地看着爸爸，不知道爸爸用意何在，在滚烫的沸水中，萝卜、鸡蛋和咖啡都随着水的咕咚冒泡。很快，满屋都飘散着咖啡的香味儿，鸡蛋也已经煮熟，只有萝卜在沸水中变得软烂不堪。

这时候，爸爸语重心长地对小雅说："你来尝一尝萝卜、鸡蛋和咖啡的味道。"小雅吃了一口萝卜，觉得太难吃了，然后她又吃了一口鸡蛋，觉得鸡蛋还算可以接受。最后，小雅才喝到咖啡，品味着咖啡的浓香，小雅情不自禁地笑着问爸爸："爸爸，你到底想对我说什么呢？"爸爸对小雅说："人生的逆境，就像这沸水，越是艰难说明这水的沸腾温度也就更高。萝卜虽然看起来坚硬，但是经过水的沸腾，就变得软烂不堪。鸡蛋虽然很脆弱，但是在煮沸之后蛋白凝固，从而保护了自己的内心。最成功的是咖啡虽然面对沸水，非但没有被毁灭，反而不断地释放出自己的浓郁香味，最终满室生香。那么同样是面对逆境，你准备怎么办呢？"小雅不假思索地说："我当然要成为满室生香的咖啡！"爸爸欣慰地笑了。

作为一种食物，面对煮沸的水，是选择爆发出内心的香气，还是让自己一泻千里变得又软又烂呢？所谓宁折不弯，实际上并不适合人生的很多境遇，有的时候适当柔韧，反而能够帮助人们度过人生的困境。所以，与其像萝卜软烂不堪，与其像鸡蛋过于坚硬，还不如用自己的香味弥漫周围，从而改变自己生存的环境。

一个人唯有拥有目标，对人生才能无所畏惧。就像故事中的小雅一样，如果她变成萝卜，那么就会彻底在人生的逆境中毁灭。如果她变成鸡蛋，虽然足够硬坚硬，却不一定能够顺利度过逆境。只有变成咖啡，在沸水的煮泡下弥漫出香气，才能愉悦自己的心情，也才能改变生存的环境。这样一来，每个人生存的环境就会得到很好的改善，他们的人生也会因此而走入更好的境遇。

每个人在面对人生的时候，都希望自己是赢家。殊不知，在人生的困境中，很多人都变成俘虏，被人生的胜负输赢所左右。记住，真正的人生并不会因为某一场的胜负输赢就完全定型。人生的道路最终情归何处，实际上取决于人们面对失败和逆境的态度。对待人生，每个人唯有更多地付出，更加坚定不移地坚持，才能在人生中如愿以偿获得成功。

想赢，才能真的赢

人人都想赢，但是却并非人人都真的能赢。很多人面对人生的境遇，只是心底里有相应的渴望，而在行动上却拖延不决，最终导致人生与他们期望的样子相差甚远。在一次又一次的反复中，人生的很多美好幻想非但没有变成现实，反而成了彻头彻尾的空想，毫无实现的可能性。当一个人觉得自己明明很想获得成功，却得不到命运的青睐时，除了反思自己的努力是否足够之外，更要反思自己是否真的响应发自心底的渴望，从而用实际行动不断推动自己真正赢得人生的战役。要想实现这一点，每个人都必须当机立断做出相应的举动，而不要拖延一分一毫，因为成功就是你此时此刻最坚定不移的信念。

细心的朋友会发现，古往今来大多数成功者都是敢想敢干的人，他们从来不会因为各种顾虑而止步不前，也不会像失败者那样被恐惧裹挟着，在人生的道路上停在原地，甚至往后退缩。对于真正的成功者而言，他们只有一个坚定的信念，那就是我要赢。正因为如此，他们才能在人生之中绝不拖延片刻，而是争分夺秒，让自己获得成功的机会，也让人生拥有更多成功的可能性。

很多人对于成功的渴望并没有那么强烈，这还表现在他们只是徒有相应的理想和梦想，而从来没有为了让自己赢做出切实有效的举动。例如，很多人总是把赢挂在嘴边，把成功挂在眼前，但是却并没有真正去做。他们不知道自己要怎样做才能获得成功，也不知道人生究竟要走哪条路，才能到达理想的彼岸。

2008年，北大的保安甘相伟考上了北大中文系。这件事情在网络和社会上都引起了巨大的反响。从中文系毕业后，甘相伟更是根据自己在北大当保安以及刻苦学习的生活经历，写出了一部作品——《站着上北大》，这更是给无数人带来莫大的震撼。

保安能够考上大学，而且还是赫赫有名的北京大学，大家都觉得非常惊讶。在很多人的心目中，保安的文化层次都很低，几乎与大学绝缘。实际上，甘相伟之所以能够为自己争取到这个千载难逢的机会，就是因为他有强烈的读书学习的欲望。高中毕业的甘相伟因为与大学失之交臂，所以去了上海打工。毋庸置疑，打工的生活是非常辛苦的，也使甘相伟深刻意识到人不能没有文化，所以他在打工一段时间后考取了一所大专院校。大专毕业后，他又开始了打工的生涯。虽然他知道在南方打工有更高的薪水，但是他从小的梦想就是去首都北京，为此他毅然决然地放弃南方的高薪工作，来到北京。2007年的一天，甘相伟难得休息，特意来到中国的最高学府——北大校园里感受学习的氛围。在未名湖畔散步时，甘相伟看到学校里的传达室中坐着一个正在勤奋读书的保安，他脑中突然灵光一闪：既然我始终向往北大校园，为何不能和这个保安一样坐在北大的传达室里读书学习呢？就这样，甘相伟主动和那个勤奋学习的保安搭讪，这才知道那个保安原来是自己的老乡。在老乡的介绍下，甘相伟很顺利地来到北大当保安。在北大当保安的一年多时间里，他除了努力认真地做好本职工作，从来没有放弃过学习。工作之余一分一秒的时间，他都将其用于学习和复习。正所谓工夫不负有心人，2008年，甘相伟终于成功考上北大中文系。

毫无疑问，甘相伟鼓舞了很多人，也因此而成为优秀青年的代表。也许很多人都会说自己和甘相伟一样拥有伟大的梦想，那么我们就要扪心自问：我们是否为了实现人生的梦想做出过努力呢？如果说甘相伟和大多数善于空想的年轻人有什么不同，那就是他能过通过奋斗逆袭命运，改变自己的人生。作为小人物，甘相伟无疑是有理想的。尽管现实并不能让他如愿以偿，但是他从来没有放弃过对人生的努力，而是审时度势，根据人生的现实情况，及时调整人生策略，也当机立断展开实际行动，从而让自己真正成为人生的赢家。

和其他保安相比，甘相伟最初并没有什么不同，那么为什么他能够在千千万万的保安中脱颖而出，成为全国第一个站着上北大的保安呢？因为甘相伟拥有强烈的读书学习的愿望，他也迫不及待想要在人生中逆袭，扭转命运。正是在这些强大力量的驱使下，他才能战胜自己的恐惧，从而彻底地改变命运。当然，很多人都会因为恐惧而畏缩，实际上战胜恐惧的方法很简单，那就是先设想最坏的结果，这样发生的一切都会是更好的选择。

现实生活中，人人都想卓尔不凡，都想获得伟大的成功，但是很多人对于成功的欲望不够强烈。唯有对成功充满坚定不移的信念，唯有让自己变得更加坚强，我们才能拥有更高的价值观和人生观，也才能在各种积极观念的指引下形成实际的行动，最终获得成功。

绝望，恰恰意味着新的开始

古人云，山重水复无疑无路，柳暗花明又一村，这句话告诉我们人生中虽然有绝境，但是只要心中不放弃希望，就能够在绝境中找到出路，打开人生的崭新局面。的确，在现实生活中，很多人都不得不面对各种困境和阻碍，这无疑是让人沮丧绝望的，而且也会使很多胆小怯懦者的内心充满恐惧。要想摆脱恐惧的情绪，我们就必须端正态度、摆正心态，才能在人生的道路上一往无前、不断奋进。

要想消除自身的恐惧情绪，坦然地面对人生，我们就应该调整好心态，让自己超越眼前的艰难困苦，在危机中找到新的生机。唯有如此，我们才能成功打开人生的新局面，也才能让人生有机会再次开始。尤其是在看到希望就在眼前时，我们更应该坚定信念，从而让人生的圣火熊熊燃烧，最终让人生出现至关重要的转机。这样一来，人生才会有更好的发展，我们也才能拥有更充实和美好的未来。

总而言之，没有人的人生会是一帆风顺的，正如人们常说的人生不如意十之八九，每个人在生命之中都会遭遇各种各样的困境。唯有坚持不懈、勇往直前，我们才能超越人生的困境，让人生得到更好的发展。很多时候，我们误以为人生进入绝望的状态，却不知道这恰恰是新的开始。当所有的危机接踵而至，我们未免会觉得人生已经到了山穷水尽的地步，却不知道只要坚持不懈，只要心中有希望，那么在努力之后，就会迎来人生的柳暗花明。正所谓天无绝人之路，这句话告诉我们，这个世界上并没有真正的绝境。当人们感受到绝望和沮丧，是因为他们的心灵禁锢了自己的发展，也限制了他们的思路，因而使他们无法看到光明。因而每个人面对人生的梦想都应该勇往直前，哪怕遭遇生命的重创，也绝不要轻易放弃。记住，当你跌入生命的最低点，一定会有机会反弹，从而攀升到人生的高点。

现代社会，随着生活水平的提高，人们不但吃得更好，也穿得更好。对于很多高档时装，人们都选择送到干洗店去干洗，从而保持时装的版型和质地不受损伤。但是，大多数人都不知道的是，干洗衣服最初的设想，是因为一个打工仔的失误，而这个打工仔虽然为失误承受了巨大的代价，但是从中发现商机，成就了人生的辉煌。

很久以前，在巴黎，有一个小男孩出生在一个非常穷困的家庭中。这个家庭一贫如洗，小男孩在缺衣少穿中长大，为了帮助父母维持生计，他小小年纪就出去打工，在贵族家庭中当杂役。他每天都要做各种各样琐碎的工作，而且脏活累活全都要干，有的时候，他一天之中要工作十几个小时。尽管如此，他的薪水却非常微薄，他却因为能够用最差的食物填饱肚子，每当夜晚到来时有地方睡觉而感到庆幸。他从来不多花一分钱，总是把节省下来的钱交给母亲养家糊口。

有一个夜晚，男孩已经入睡，贵妇人却派人把一件礼服送给男孩，并且让男孩连夜把礼服熨烫好。原来，贵妇人第二天要出席一个上流社会的聚会，要穿这件华贵的礼服。男孩睡眼惺忪地起来为贵妇人熨烫礼服，也许是因为不够清醒，也许是因为太过疲劳，男孩居然一不小心把煤油滴在了那件礼服上。贵妇人气愤极了，她知道男孩根本赔不起这件礼服，因而要求男孩免费为她打工一年。男孩虽然很沮丧，但是他知道必须承担责任，因而便答应了贵妇人的要求。在给贵妇人免费打工一年之后，这件衣服当然也归男孩所有。实际上，一滴煤油根本不会破坏这件衣服的美丽与质地，男孩原本想将这件礼服作为礼物送给母亲，却怕母亲知道他闯祸的真相而心疼他，为此他把礼服挂在自己的房间里，每天都会用心地看一看这件礼服，提醒自己在工作中不要再出现错误。然后，让男孩惊讶的是，礼服上的煤油点居然不知不觉地消失了。

男孩绞尽脑汁，也不知道煤油点为何会消失。后来，他意识到也许煤油能够起到清洁的作用，因而当机立断展开实验和研究，最终发明了干洗剂。从此之后，男孩离开贵族家庭，独自开了一间干洗店，专门为贵族清洗贵重衣服上难以清除的顽渍污迹。短短几年时间里，男孩就因为独门生意而发家致富，成为远近闻名的干洗大王。如今，全世界的人都喜欢把贵重的衣服送到干洗店干洗，也可以说男孩彻底改变了人类的清洁历史。

当事情变得不能再糟糕的时候，也许就恰恰意味着转机的出现，所以越是在绝境之中，我们越应该开拓自己的思路，不要让自己陷入绝望之中无法自拔。不管什么情况下，我们都要有梦想，尤其是在人生遭遇重创的时候，我们更不能轻而易举地就选择放弃，而要消除内心的恐惧，更勇敢地站起来，从而在绝望的极点发现希望的光芒。

人们常说，对于每一块土地而言，总有一粒种子适合它。同样的道理，这个世界上没有捷径，哪怕是在艰难的境遇里，人们只要心怀希望就能发现新的契机。最重要的在于我们的心中必须有希望，而不要被看似处于绝境的人生境遇蒙蔽眼睛，唯有心中怀着希望的光芒，我们才能在人生中成功地迎来拐点。

挑战自我，战胜恐惧

要想成功地驱除内心的恐惧，最有效的办法就是挑战自我，从而超越极限，让自己变得更加勇敢和强大。一位著名的心理学家指出，一个人要想获得成功，一定要以强大的思想意识作为指导，从而让自己成为更加坚强有力的人。对于每个人而言，思想的作用都是非常强大的，尤其是意识和潜意识，更是会潜移默化地影响人们。意识和潜意识之间并非是毫无关联的，当意识做好了决定，那么潜意识则会在不知不觉中做好万全的准备。换而言之，是意识决定要做什么，实现怎样的目标，而且潜意识决定如何去做，做到何种程度。也有人用冰山来形容意识与潜意识之间的关系，认为冰山上浮出水面的部分就是意识，而冰山隐藏在水底下的那一部分就是潜意识。这也间接告诉我们，一个人一定要拥有挑战的勇气和敢于冒险的精神，才能够赋予自己不可战胜的力量。其实，当一个真正的强者下定决心要去做某件事情的时候，他的勇气就会爆发出来，从而彻底消除他内心深处的恐惧。在意识与潜意识的力量作用下，他们最终会突破人生的禁锢，从而获得长久的成功。

前文说过，恐惧是人的本能反应之一，是人最基本的情绪。因此对于恐惧，我们无须觉得畏惧，因为一个正常的人总会感到恐惧。但是当过度恐惧的时候，恐惧就会对人的生活产生深远的负面影响，所以我们必须把恐惧控制在合理的范围内。适当的恐惧甚至能够保护孩子们的安全，让他们本能地远离危险的事物，而过分的恐惧却会让成人变得束手束脚，无法坦然面对人生。在这种情况下，我们当然要理智面对恐惧，才能给予人生更多的可能性。

在众多的汽车品牌中，很多人都喜欢美国车。虽然日本车更轻便省油，但是大家更相信美国车的质量。相比起日本车来，美国车的做工没有那么精细，但是质量却更好，车子的整体架构也更加坚固。那么，熟悉美国车的朋友们一定知道福特作为美国车的代表，受到很多人的欢迎。实际上，福特车的诞生并非是一帆风顺的。年轻的时候，福特只是一家公司的工人，但是他不安于现状，总是想要挑战命运。哪怕是面对普通而又平凡的工作，他也总是给自己设置更高的高度，从而超越自我、迎接挑战。有一天福特突然想要设计一款全新的引擎，没想到在他兴冲冲地把这个想法告诉好朋友时，好朋友非但没有给他泼冷水，反而还大力支持他，让他勇敢地尝试。福特当即回到家里找出所有可用的零件，然后开始进行漫长的研究。在寒冷的冬日里，条件非常艰苦，他冻得浑身冰冷，却从未放弃对引擎的研究。直到3年之后，他才真正实现自己的想法，亲手创造了一个全新的引擎。

创造出引擎之后，福特和朋友利用引擎来驱动马车在大街上逛街，当时人们还习惯于用马来拉车，因而看到这样奇怪的现象不由得大为惊恐。当时的人们一定没有意识到这个全新的发明对整个世界都起到特别深远的意义，也在世界的发展过程中起到不可取代的重要作用。正是因为拥有永不服输的精神、敢于挑战的勇气，福特才能在发展汽车的道路上一步一步地走向成功。后来，福特成立了自己的汽车公司，在创造某个车型的汽车时，他要求工程师们进行创新，工程师们却纷纷摇头表示否定。这个时候，福特马上表现出超强的挑战精神，在他的坚持下，工程师们只好去完成这个看似不可能完成的任务。后来，在工程师们的研究没有成果时，又是福特亲自出马，才最终让自己的设想变成现实。

如果不是因为福特拥有不断创新的精神，这个世界上就没有福特汽车；同样的道理，如果不是因为福特汽车不断创新，不断超越和挑战自我，福特汽车在全世界就不会享有如此高的声誉。正是因为福特具有挑战的性格，所以他才会对自己的人生和事业的发展都起到巨大的推动作用。福特不愿意走寻常路，而是要独辟蹊径，最终到达事业的巅峰。

对于任何人而言，成功的道路从来不是一帆风顺的。一个人唯有敢于挑战自我，摆脱困境，才能给予人生更好的发展和未来。只有拥有强大的精神支撑，人们才不会因为恐惧而被动地面对人生，也不会因为恐惧而放弃对人生的努力。对于每个人而言，墨守成规固然不是太严重的错误，但是对于人生而言，每一次困境都是生命的新起点，都是人生至关重要的转折点，所以我们必须在人生中表现出更加强烈的创新意识和顽强的创新精神。

第5章

强大的自信，是战胜恐惧的法宝

恐惧是人的本能，每个人在面对危险的事情时，都会情不自禁感到恐惧。而实际上，我们唯有拥有强大的自信，才能战胜心底的恐惧，才能让自己在人生的道路上一往无前、奋发向上。由此可见，当感到害怕的时候，我们一定要相信自己，也要相信人生可以把控在自己的手中，这样我们才能不断鼓起勇气，超越人生的困境，也才能不断激励自己、勇往直前。

有自信，才能创造奇迹

一个人的力量是有限的，然而如果这个人充满自信，那么自信就会爆发出巨大的力量，从而增强这个人的力量。在举世闻名的哈佛大学中，人们始终相信一句话，那就是只要你相信自己能做到，你就真的能够做到。这句话看似简单无奇，其实告诉我们一个深刻的道理，那就是当我们坚定不移地相信一件事情时，我们就会因为这件事情是真的，因而对这件事情产生强大的信任。接下来，我们必然因为自信心而拥有巨大的力量，要知道，自信心不但能够改变人生轨迹，也能让人有更美好的发展和未来。

人们常说爱能够创造奇迹，实际上自信同样能够创造奇迹。一个真正自信的人才会有所发展，也才会对于人生有与众不同的理解和坚持。现实生活中，很多人羡慕他人的成功，却不知道那些成功者在真正获得成功之前遭遇了很多磨难。他们之所以能够在艰难坎坷中挣脱出来，获得成功，是因为他们始终在坚持，从来没有放弃。从本质上而言，这是自信的力量在发挥作用。总之，一个人唯有自信，才能在人生中有更好的发展和未来。

一直以来，人们都认为不可能有人在4分钟的时间里跑完一英里，为此人们把这作为没有人能够打破的纪录去坚持。然而，直到1954年，这个世界纪录彻底被打破，并且此后接连有很多人都打破这个纪录。

首先打破这个纪录的是一个英国人，他的名字叫罗杰。罗杰并不是一个运动员，他在牛津大学攻读医学，是一个喜爱运动的医学专家。再此之前，他的成绩是04:12，然而他觉得自己的身体素质很好，为此始终坚持锻炼。后来，罗杰把成绩提高到了04:02，但是从此之后他的成绩就停滞不前，再也没有任何提升和进步。这个时候，有人对罗杰说："你已经不可能再提升成绩，因为04:02已经是非常好的成绩，你根本不可能让时间缩短到4分钟之内。"但是罗杰相信自己能够做到，为此他从来没有放弃努力，总是坚持锻炼。他给予自己强烈的心理暗示，告诉自己一定能够在4分钟的时间里跑完一英里。而且他还无数次幻想自己在4分钟之内跑完一英里的情形，从此之后他对于在4分钟之内跑完一英里拥有强烈的成功信念，而且绝不放弃。

就在那一年的10月，罗杰在家乡完成了对人生的突破和挑战，他以03:59的成绩跑完一英里，从此之后彻底颠覆人们对于没有人能在4分钟之内跑完一英里的思想限定。自从罗杰打破这个魔咒之后，又有很多运动员先后突破自我，超越4分钟的极限。此后两年多的时间里，先后有300多人打破极限，这足以告诉我们，在此之前禁锢人们的并非是世界纪录，而是每个人内心固有的想法。再往后，就没有人专门记录有多少人打破纪录，因为到2002年，有更多人创造出越来越好的成绩，也彻底地突破人类的生理极限和精神极限。

在罗杰之前，始终没有人打破极限，导致人人都理所当然地认为没有人能够在4分钟时间里跑完一英里。这并非是因为人们做不到，而是因为这个纪录就像透明的玻璃盖盖在玻璃瓶上一样。玻璃瓶盖把瓶子里的跳蚤挡住了，哪怕玻璃瓶盖被拿开，跳蚤也无法超越玻璃瓶的高度。同样的道理，当人们坚定不移地相信自己根本不可能做到时，他们就无法突破自己。也正是因为那些人们固有的观念和科学的报告，使得运动员自动把自己的极限限定在花费比4分钟更多的时间才能跑完一英里，而不愿意真正地打破这个纪录，创造人生的奇迹。但是罗杰打开了这个魔咒，所以其他人在心理上才没有了此前的束缚与限定，也因而能够创造出更好的成绩。对于每个人而言，罗杰使他们相信人类可以在4分钟之内跑完一英里，由此激发了他们的信心，让他们爆发出人生的强大力量和潜能。

人生的很多奇迹都是通过自信创造的，一个人唯有真正地相信自己，并且坚信自己真正能够做到，才能拥有自信的力量，也才能见证伟大的奇迹。否则，当一个人发自内心地否定自己，也不相信自己会有更好的发展，那么他们当然会自我禁锢。由此可见，对于很多人而言，信心是一种态度，拥有信心才能够消除恐惧，拥有信心才能够给人生创造更多的机会和更好的发展机遇。

细心的朋友会发现，古往今来，那些伟大的成功人士都是信心十足的人。一个人如果没有信心，在通往成功的道路上，就会遭遇更多的艰难，尤其是在遭到重大的挫折或者打击时，他们甚至会因此而放弃努力，导致对人生采取消极悲观的态度。实际上，对于一个人而言，做事情是否能够取得成功，很大程度上取决于态度。所谓的智力，在追求成功的过程中只起到很小部分的作用，因而朋友们，你们如果对自己的人生不满意或者有更多的憧憬和渴望，一定要先调节自身的态度，才能够奋发向上，也才能够创造奇迹。

高看自己一眼，赢得他人赞许

人人都希望自己能够得到他人的认可和重视，却从没有想过自己对待自己的态度是怎样的。很多人总是缺乏信心，妄自菲薄，在这种情况下又如何要求别人认可和尊重自己呢？古往今来，成功者都是能够坚定不移地在人生的道路上奋勇向前的人，人们一旦在人生之中遇到小小的挫折就怀疑和否定自己，就会导致信心不足、自轻自贱，也会给人生带来更多的挫折和遗憾。殊不知，哪怕是一颗小草，在这个世界上也有存在的意义，也会利用自己的独特为大地奉献一片新绿。那么作为一个独特的生命个体，我们又为何要妄自菲薄呢?

一个人要想赢得他人的认可和尊重，首先要认可和尊重自己，就算一无所有，也不能够完全看不起自己，更不能否定和鄙视自己。否则，假如一个人打心眼里否定自己，就会让自己更加堕落下去，也会让自己被他人瞧不起。在这种情况下，我们一定要客观评价和认知自己，也要给予自己足够的认可和尊重，才能让自己摒弃外界的眼光。记住，你唯有变得更加勇敢和坚强，才能在人生的道路上不断进步。总之，一个人只有高看自己一眼，才能赢得他人的肯定和赞许，否则一个人总是自轻自贱，那么哪怕他能力再强、地位再高，只怕也不能得到别人的认可。每个人对于自己的态度都至关重要，唯有真正尊重自己，才能在人生中拥有更美好的未来。

生活中很多人都感到非常自卑，总觉得自己先天的条件不如他人，哪怕后天付出再多的努力，也无法达到与别人同样的起点。为此，他们总是低看自己一眼，内心里却希望自己能够赢得他人的尊重，这当然是不可能的。因为人与人相处，只有先相信自己，才能赢得别人的欣赏。否则一个人如果自己先看不起自己，就不可能赢得任何人的尊重和认可。

在美国的一个公园里，很多孩子正在高高兴兴地玩耍，有一位老人举着一把五颜六色的氢气球来到公园里叫卖。看到色彩鲜艳的气球，孩子们一拥而上，全都争先恐后地购买彩色的起球。在玩耍一会儿之后，他们就把彩色的气球放飞到蓝色的天空中。看着天空中飞着五颜六色的气球，角落里的黑人小孩感到很惆怅。他很羡慕白人小孩可以这样无拘无束地玩耍，但是他却只能坐在角落里默默地看着他们，因为他害怕自己被他们拒绝，也害怕自己被他们嘲笑。

一直等到白人小孩放完气球后都走开了，他才胆怯地靠近老人，小心地询问老人："我可以买一个气球吗？"老人看着黑人小孩楚楚可怜的目光，不由得心软下来，柔声细气对黑人小孩说："当然，每个孩子都可以买气球，你也可以。如果你没有钱，爷爷也可以送给你一个气球。那么，你想要什么颜色的气球呢？"黑人小孩从口袋里掏出钱递给老人，说："我想买一个黑色的气球。"老人非常惊讶地看着小孩，不知道为何这么多颜色，小孩都不选，而偏偏要选一个黑色的气球。出乎常人的意料，黑人小孩拿到气球之后当即松开了手，那只黑色的气球在天空中迅速上升，很快就飞到和其他气球同样的高度。小孩高兴地笑了，老人心中怦然一动，语重心长地对小孩说："孩子，你要知道，每一个气球都可以升到天空，不管它是什么颜色的。同样，每个人都可以获得成功，也不管他的皮肤是什么颜色的。"听了老人的话，黑人小孩感动得热泪盈眶，他牢牢记住老人的话，在未来的人生中始终坚持努力。他坚定不移地相信：哪怕我的皮肤是黑色的，也依然可以获得成功！最终，这个孩子成了大名鼎鼎的博士，为整个人类都做出了伟大的贡献。

任何人要想得到他人的认可和尊重，首先应该认可和尊重自己。也许每个人进步的速度是不一样的，在短暂的时间里，有的人进步很快，有的人却相对落后，但是不管一个人是进步迅速还是相对落后，他都应该有一颗勇敢的心，都要坚定不移地相信自己，这样才能形成强烈的自信，从而创造人生的奇迹。

世界上最伟大的胜利，就是能够征服自己。与这个胜利相比，其他一切胜利都不值一提，尤其是面对失败的时候，只要内心始终坚信自己是强大的，相信自己能够获得成功，那么失败也就无关紧要，不会对人生有恶劣的影响。从这个角度而言，我们必须先征服自己，才能够认可和尊重自己，也才能够在与这个世界相处的过程中赢得胜利、收获成功。

不要总是怀疑自己

现实生活中，来自人们内心的恐惧无处遁形。每个人都希望消除这种恐惧，从而让自己变得勇敢和强大，但是正所谓解铃还需系铃人，要想达到这一目的，让自己变得勇敢坚强，我们唯有先剖析自己的内心，找到恐惧的来源，从而才能真正地解决问题。心理学家经过研究发现，很多人对现实的恐惧，实际上是因为他们内心不相信自己，总是怀疑自己。这导致他们对自己的很多观念都产生动摇，也不知道是否应该坚持自己的所思所想。在这种情况下，人的力量当然是很微弱的，因为他们不知道如何才能够做到坚定不移地相信自己，绝不退缩和畏惧。

毫无疑问，当一个人的内心充满恐惧，他的脑海中一定会回响着怀疑自己的声音，这个声音提醒他一定不要相信自己，而要意识到自己的缺点和不足，从而找出自己的短板和弱势。这样一来，他们在真正展开行动的过程中会越来越失去力量和勇气，也会导致人生变得被动。从这一点来看，每个人都应该战胜内心的恐惧，才能摒弃自我怀疑，从而拥有更加完美的人生。

来自内心的声音，是每个人最真实的想法。一个人哪怕每天装模作样地对自己说无数次“我很棒”“我是最优秀的”，都不如在内心里坚信自己非常强大更有效。心底的声音会出卖我们的内心，也会让我们的心更加彷徨无措。要想成为人生真正的强者，我们就必须彻底摆脱自我怀疑的倾向，也要彻底戒除自我怀疑的行为，唯有如此，我们才能够真正获得自信，也才会远离对自己的质疑和否定。真正的自信者，即使在外界毫无任何压力的情况下，也能够完全相信自己，或者是在外界充满反对声音的情况下，在经过深思熟虑之后，也依然坚持自己的判断和选择。这样的自信才是最高的境界，也才是真正的自信，更能够创造更多的奇迹。

在一次世界级指挥家大赛上，日本著名的指挥家小泽征尔也是参赛的选手之一。这次比赛的级别很高，因而参赛的选手都是世界顶级的指挥家。出乎很多人的预料，比赛的形式却非常简单，那就是组委会把比赛的乐谱交给指挥家，由指挥家指挥乐队进行演奏。小泽征尔在比赛中排序比较靠后，等轮到他参加比赛的时候，前面有很多人已经结束演奏。才刚刚演奏没多久，小泽征尔就明显地觉察到演奏中不和谐的音符。原本，他以为是乐手发挥失常，所以导致小小的不和谐，为此他当机立断停下演奏，让乐队重新开始演奏。然而等演奏到相同的地方时，突然间小泽征尔又听到不和谐的音符，这次小泽征尔非常确定是乐谱出了问题，所以才会在同样的地方出现同样的错误。

小泽征尔当即找到大赛组委会，要求组委会的人员核实乐谱的正确性。大赛组委会的成员全都是大名鼎鼎的作曲家及音乐领域的权威人士，他们当即向小泽征尔保证这个乐谱绝对没有任何错误，并且说是因为小泽征尔的指挥失误，才导致这样的情况出现。面对这些权威和专家的质疑，小泽征尔低头沉思片刻，然后他抬起头，斩钉截铁地对现场的人说："我没有错，一定是乐谱出现了错误。"小泽征尔的话音刚落，那些专家和权威全都站起身来给予小泽征尔热烈的掌声。这个时候，小泽征尔才知道原来这个小小的错误就是比赛的项目。在小泽征尔之前，虽然也有人觉察到这个微乎其微的不和谐音符，并且向大赛组委会提出了这个错误，但是面对那些权威和专家的众口一词，他们最终选择否定自己而妥协。小泽征尔之所以能够赢得冠军，就是因为他非常自信，他没有因为专家和权威的怀疑与否定就影响自己的判断，相反，在面对这些世界顶级的专家和权威时，他一如往常，坚信自己的判断是正确的，最终勇敢地夺得了冠军。

当因为外界的怀疑而产生自我否定或者思想动摇时，我们固然要反思自己，在确定自己没有错误之后，更需要做的是坚持自己的主见和判断，坚信自己是有能力的，是可以处理好某些问题或者完成工作的。否则，如果我们遇到一点反对的声音，或者是遇到小小的挫折和障碍，就马上选择放弃，为此胆战心惊、畏缩胆怯，甚至完全否定自己，那么就根本不可能获得成功。小泽征尔相信自己具有高超的指挥水平，因而在两次出现同样的错误之后，他很确定并非是乐队的演奏出现了错误，也相信自己不可能出现错误，因而当机立断向大赛组委会提出异议。在面对专家和权威的众口一词时，他也能够坚持自己的想法，绝不妥协，所以最终赢得比赛的冠军，实在是实至名归。

生活中，很多人都会因为各种各样的问题而产生问题情绪。当听到消极否定的声音时，我们一定要学会清除这种声音，以避免乱七八糟的声音干扰我们的判断。尤其是当产生自我怀疑时，我们更要凝神细听内心的声音，找到让我们惊慌不安、质疑自己的根本原因，这样才能有的放矢、有所针对性地解决问题。记住，很多事情并非是外因导致的，最重要的在于我们的心态，也在于我们的认真和自信。

肯定自己，绽放光芒

在人生的道路上，没有人能顺遂如意，每个人在人生中都会经历各种各样的事情，或者感受到人生的快乐和喜悦，或者感受到人生的紧张不安，甚至是恐惧。然而，无论等待我们的是什么，我们都要坦然面对人生，并且牢牢记住人生的价值所在。唯有拥有自信和自我肯定，我们才能够真正发挥自身的能力，从而让自己成为不可或缺的存在。

不可否认的是，每个人都有自身的价值，每个人都是这个世界上独一无二的生命个体。遗憾的是，现实生活中能够真正知道自身价值的人却少之又少，而能够坚信自身价值的更是凤毛麟角。每个人都希望别人认可和肯定自己，却完全忽略了一个人唯有自尊、自重、自爱，才能赢得他人同样的对待。从这个角度而言，我们必须先认识到自身的价值，也要竭尽所能发挥自身的价值，从而才能在生活中有更好的理想和未来。否则，如果我们毫无价值，或者因为自卑而影响自己的人生发展，那么又如何能够获得成功呢?

现实生活中，每个人都是独一无二的，都是不可替代的，就像一颗钻石，从不同的角度来看会有不同的光芒，而且不同的钻石也有不同的风采。人也是如此，每个人都是与众不同的存在，每个人都要忠于自己的内心，不忘初心，才能摆脱人生的迷惘状态，让自己在各种情况中都脱颖而出，成就自己。

大名鼎鼎的推销员吉拉德有一个很奇怪的习惯，就是在他的每一件衣服上都绣着一个金光闪闪的阿拉伯数字1。很多人在看到吉拉德的衣服时，第一时间就想到吉拉德一定是非常自负的，所以才会把自己排名为世界第一的推销员。实际上，他们询问后才知道吉拉德心中的答案。吉拉德告诉人们，那个并不代表他是世界上最伟大的推销员，也不意味着他是排名第一的推销员，而是代表着他在生命中是最伟大的，是不可取代的。吉拉德的话引人深思，因为这个世界上有太多优秀的人和出类拔萃者，而真正认为自己是世界上最伟大的存在的人，却少之又少。

吉拉德的人生并非一帆风顺，在35岁之前，他一直非常贫穷，甚至不能赚取足够的金钱来养活妻子儿女，导致家庭生活也非常拮据。然而，在一次参加演讲之后，吉拉德才茅塞顿开，意识到自己的人生不应该这样混沌度过。在那次演讲比赛上，演讲者拿出一张钞票展示给听众们看，并且问哪位听众想要得到这张钞票。当时，吉拉德恰巧坐在第一排，因而他毫不犹豫地举起了手。吉拉德想了想，说："我把这张钞票加工一下，我一定会把它给你。"说完，演讲者把钞票放在手心里揉得皱皱巴巴，然后拿着这张皱皱巴巴的钞票又问台下的听众："现在，你们还想要这张钞票吗？"吉拉德再次把手臂举得高高的，然后坚定不移地说："当然想要。"演讲者表现出惊讶的神情，然后做出了让人难以理解的动作，只见他把钞票扔到地上，然后用双脚狠狠地踩踏钞票，甚至还长时间碾压钞票。当演讲者再次捡起钞票时，吉拉德发现那张钞票不但皱皱巴巴，而且变得肮脏不堪。演讲者再次问台下的听众们：“如今，你们谁还想要这张钞票呢？”吉拉德马上毫不犹豫地再次举手，依然坚定不移地说：“我想要，我想要！”这时，演讲者满意地笑了。他说：“不管我如何把这张钞票揉皱、踩脏，甚至我在上面吐一口唾沫，也许你们都依然想要这张钞票，因为这张钞票尽管看起来惨不忍睹，但实际上它的价值并没有因此而减弱分毫。它还是它之前的价值，它还能够换来等额的东西。一个人也是如此，哪怕遭遇命运的蹂躏，也不要让自己的价值贬值，这样才能找到属于自己的去路。”演讲者刚刚说完这番话，吉拉德就陷入沉思之中。他当即如同醍醐灌顶一般，明白了自己一直以来最大的错误，就是他觉得人生已经没有出路，所以不知不觉间就看轻了自己。从此之后，他再也不觉得自己是卑微的存在，而总是坚信自己是最伟大的，所以他才能够坚持不懈地奔向成功，最终成为举世闻名的伟大推销员。

现实生活中，很多人都因为外界客观环境的影响，而遭遇各种各样的困境。每当这时，人们也许会感到沮丧绝望，也许会觉得人生毫无价值，也没有发展的前景，但是实际上就如一张钞票在接受各种各样的蹂躏之后，它的价值不会有分毫减少一样。一个人哪怕在人生中遭遇再多的困境和磨难，只要他总是心怀希望，愿意肯定自己，那么他就能够积极乐观地面对人生，也能够排除万难，在人生中扬帆起航。

只有相信自己、肯定自己，我们才能够去除内心的恐惧，才能绽放光芒，所以当我们遭遇不如意时，我们最先要做的并非怨声载道，更不是浪费宝贵的时间和精力去把责任推卸到他人的身上。真正的明智者会首先反思自己，想清楚自己在人生中到底遭遇哪些磨难，从而才能运用顽强的意志力，作为命运的舵手存在，也才能让人生价值最大限度地得以发挥。不管时代怎么改变，也不管周围的环境如何变，只要我们的内心是坚定的，只要我们认为自己是一颗璀璨的钻石，我们就一定会焕发出别样的光彩。

信念，是人生力量的源泉

一个人如果只有自信，也许会在人生中做出伟大的决定，但是一个人要想把这份决定推行下去变成现实，除了要有自信之外，还应该有坚定不移的信念。哈佛大学的一位校长曾经说过，一个人只有拥有信念，才能爆发出源源不断的力量。由此可以看出，信念的力量是非常强大的。对于人生而言，信念就像是一粒种子，在合适的条件下就能生根发芽。很多朋友都曾经见识过种子的力量，走在环境残酷的野外，哪怕随便地掀起一片瓦砾都会发现瓦砾下有一颗种子正在发芽。为了适应恶劣的生存环境，种子的嫩芽不得不努力弯曲身体，向着光的方向生长。这就是种子带给人们的震撼，一个拥有信念的人也如同拥有力量的种子一样，哪怕面对人生的困境和绝境，也绝不因此而彻底恐惧，更不会因此而完全放弃对人生的努力。他们总是坦然面对人生的挑战，拥有顽强的意志力，采取委婉曲折或者其他各种方式，从而竭尽所能地完成人生的理想。

人生的确是需要力量的，正如人们常说的，人生不如意十之八九。没有人能够在人生中做到完全顺遂如意，每个人都会遇到各种各样的坎坷、挫折和磨难，也会遭遇人生的不公平。在这种情况下，越是艰难坎坷，越是要坚定不移，怀着信念在人生的道路上勇往直前。唯有如此，我们才能帮助自己熬过最难熬的阶段，也才能给人生更好的交代。

正如前文所说的，在这个世界上并没有真正的绝境，很多时候并不是客观的环境太过于艰苦，而是因为我们的内心陷入绝望。所以我们才会变得沮丧，看不到任何希望。在这种情况下，我们一定要在心中种下信念的种子，让这粒种子生根发芽，驱散内心的阴霾和恐惧，让自己充满力量，让心中绿意盎然。唯有如此，我们才能走出一望无际的人生沙漠，走到人生的绿洲之中，也让生命绽放。很多人的行动都是在信念的指引下进行的，恰当的行动使人们能够如愿以偿地走向成功。正是在这样的过程中，人们不断地接近人生的目标，也高举信念的火把为自己照路。哪怕周围一片暗淡，我们也可以在火光的照射下，奔向人生既定的目标。

很久以前，有一个探险家带领探险队进入沙漠腹地，他们很快吃完了所有的食物，喝完了所有的水。每个人都饥肠辘辘，口渴难忍，但是却看不到沙漠的边缘在哪里。因为一场突如其来的沙尘暴，他们还迷失了方向，这样一来，想要走出沙漠更是成为不可能的事情。队伍之中，有人变得颓废沮丧，甚至开始拿出笔和纸来写遗书。这个时候，作为队长的探险家感到非常焦虑，思来想去，他终于想出一个好办法。队长决定用这个办法带领全队找到活下去的生机。

探险家拿出一个很大的军用水壶，对着全队的人晃了晃，说："这里只剩下最后的一壶水。如果有人有危险的情况，就用这壶水来救他的命。但是在没有走出沙漠之前，只要没有意外的情况发生，我们必须坚持不动这壶救命的水。"在队长的解释下，虽然大家都明白这壶水是不能喝的，但是明显感到精神振奋起来。他们变得充满希望。他们甚至不担心自己因为干渴倒下，因为队长那里还有那么大的一壶水呢！为了让队友们感受水的重量，队长还让队员们传递这个巨大的军用水壶。每个队员拿起这个沉甸甸的水壶，都觉得心里充满希望。他们觉得生命有了保障，最终在经历了三天三夜之后，队员们终于齐心协力、相互帮助地走出沙漠，也彻底远离死神。大家全都高兴地抱在一起哭泣，这时候有一个人突然拿起水壶拧开壶盖，这才发现水壶里装满了沙子，根本没有一滴水。原来，探险家队长正是用沙子冒充水的方式，让队员们燃起对生的信念和希望，从而让队员们对人生有更加深刻的理解和感悟。

如果没有这壶水，当一个队员因为绝望而倒下之后，必然有更多的队员倒在他的身后。幸好探险家想出了这么一个好办法，用满满一壶的沙子，点燃了所有人心中对生的希望，也带领所有人走出沙漠。在中国古代，曹操也曾经用过望梅止渴的方式带领部队不断地奔袭向前，最终摆脱缺水干渴的危机。这同样也是给队员们坚定不移的信念，让队员们拥有伟大的力量。的确，强大的信念能够激发人的巨大力量，一个人要想获得成功，就必须有信念，否则就会在人生中迷失方向。尤其是在遇到困难的时候，我们更应该怀着积极的态度去寻找解决问题的方法，而不要一味地沉浸在困难之中，让自己悲观绝望、无法自拔。只有在一无所有的时刻，我们才能够勇敢地激发出内心的力量，战胜内心的软弱，挣脱心中的囚牢，从而让人生崛起。

总而言之，信念对于人生是非常重要的。不管什么时候，我们可以缺少很多东西，唯独不能缺少信念。每个人都必须为人生树立坚定不移的信念，才能在伟大力量的支撑下不断地在人生路上前行，也最大限度地接近成功，直到获得成功。

第6章

年轻就要有强大的内心，在人生中无所畏惧

很多人都希望自己能够成为人生的强者，然而，有相当一部分人对于人生是否强大，都有很大的认知误区。他们觉得所谓的身强体壮就是强者，而实际上，身材是否高大魁梧，与一个人是否是强者之间并没有必然的联系。真正的人生强者，无论长得高大还是矮小，都有一颗坚定不移的心，都能够战胜自己，在人生之中勇往无前。

内心强大的人，不会轻易质疑自己

心理学家去解读人生，一定会发现人生的很多问题最终都会归结于心理问题。这是因为心理状态对于人生有着至关重要的影响，而且在方方面面都有所体现。现实生活中，很多人抱怨自己命运不佳，认为命运总是残酷地捉弄自己，或者抱怨自己没有超强的能力，也没有得天独厚的先天条件。殊不知，这些并不是一个人总是与失败纠缠的根本原因，也不是一个人无法获得自己如愿以偿生活的原因。最根本的原因在于这些人心理上太过脆弱，总是担心自己会遭遇失败，所以在面对人生中任何机遇和挑战的时候，总是犹豫不决、迟疑不定。他们宁愿错过成功的机会，也不愿意承受失败的损失，不得不说，正是因为这样过于保守的选择，才使得他们的人生失去成功的可能性。

一个总是质疑自己的人一定缺乏强大的内心，也不愿意因为目标而去辛苦地历练自己。实际上，要想彻底地摆脱懦弱的心理，每个人都应该拥有强大的内心，这样才能在人生中拥有更好的发展和未来。否则，如果人们总是自我禁锢，无法挣脱内心的囚牢，又如何能够成功地创造人生的奇迹呢？

生活中，人们总是害怕很多东西，有人害怕孤独，有人害怕失败，有人害怕焦虑、误解或者是绝望等诸多负面的情绪。从本质上而言，这些人害怕的根本都是自己。因为所有的负面情绪都来源于内心，我们只有认清楚这一点，才能更好地消除内心的恐惧。

这个世界并不像我们想象得那么面目可憎，很多人之所以害怕很多东西，并非是因为他们真的害怕，而是因为他们自认为处于弱势。有人曾经说过人的恐惧来自未知，所以当在人生中并没有真正遭遇绝境的时候，我们首先应该对自己缴械投降，坦然接受命运的安排，让命运在人生中起到更加积极的作用。这样一来，我们才能够真正主宰命运。伟大的成功学家卡耐基曾经说过，每一个获得成功的人，都能够在人生中一往无前，绝不把困难放在眼里。他们坚决勇敢，果断决策，他们的字典里从来没有“害怕”这两个字。从卡耐基的描述中，我们不难看出一个内心强大的人一定拥有自信的力量，他们非常相信自己，从不质疑自己。他们哪怕承担失败的后果，也不会放弃成功的任何机会。正因为如此，他们才能够抓住一切千载难逢的好机会，从而让自己的人生拥有质的飞跃和发展。

很多人因为人生的无常而感到困惑，因为他们不知道怎样面对人生的无常，或者应付人生中尴尬的局面。实际上，他们都是非常胆小怯懦的，如果没有人知道人生接下来会发生什么，更没有人知道人生的道路能走多长，即对于每个人而言，人生都是一场没有归途的旅程，都是不知道目的地的一段行程。在这种情况下，我们不应该惧怕从头再来，而应该在需要的时候做出决定，从而哪怕人生的起点再低，也能够创造奇迹。真正强大的人都拥有开放的心态，他们不会为了保护自己而故步自封，也不会为知道或者不知道某些事情而感到焦虑。他们神色平静，内心坦然，更愿意用理智去解决问题。

生活中明智的人非但不会质疑自己，有时候遭遇到他人的质疑，也能够保持平和的心态。他们知道一个人就算再努力，也不可能让所有人满意，既然如此，为何不做好最真实的自己，也给自己的人生一个交代呢?

潜能的力量超乎你的想象

现实生活中，很多人都会妄自菲薄，这是因为他们没有做到客观公正地评价自己，也不曾意识到自身的优点和长处。这使他们总是怀疑自身的能力，也不愿意承担超出自身能力范畴的事情。实际上，每个人的力量都比自己想象中更强大，每个人的内心也都比自己想象中更坚强，一个人唯有从容地面对人生中的困境，任何时候都坚信自己拥有伟大的力量，才能够应付人生的各种艰难困境，才能够以安静应付人生的变动。北京大学的一位心理学导师曾经说过，很多弱者都是因为恐惧而导致内心崩溃，实际上这并不是因为外界的压力过于强大导致的，而是因为他们太不相信自己，从而低估了自己。原本只是小小的恐惧，在被他们无限放大之后，最终成为人生中无法解决的困难。这当然会使他们在人生中遭遇困惑，也会让他们在人生中彻底地失去扭转局势的希望。

要想在人生中有好的发展，就一定要消除内心的恐惧，因为恐惧会阻碍人的内心健康发展，也会削弱人的力量。当我们对自己不够自信的时候，当我们总是无端地担忧未来的时候，生命的潜能就会因此被更深地掩埋起来。实际上，每个人都蕴含着巨大的潜能，这潜能既像一头沉睡的狮子，又像是一座还没有被挖掘的宝藏。只有不断地挖掘潜能，我们在人生中才会有更好的表现。

在美国麻省艾姆赫斯特学院，曾经进行过一项非常有趣的实验。在实验的过程中，实验员把一个小南瓜用密密麻麻的铁圈箍起来。他们的目的是研究南瓜在生长过程中的力量，想要研究南瓜在多大的压力下会破碎。一开始，研究人员估计南瓜只能承受500磅的压力，然而南瓜的成长却让他们震惊。仅仅在第一个月的时候，南瓜就已经承受了500磅的压力。随着不断成长，到了第二个月，南瓜要承受1500磅的压力。实验员为此感到很担心，让他们惊讶的是，随着不断成长，南瓜不但承受了1500磅的压力，而且又承受了2000磅的压力。为了弄清楚南瓜的力量究竟有多强大，研究人员决定加固铁圈，从而让实验继续下去，最终的结果让人瞠目结舌，因为在实验结束的时候，南瓜居然承受了整整5000磅的压力，最终在5000磅的压力下破碎。一个小小的南瓜，身体里竟蕴藏着这么大的能量，由此可以想象，人类的潜能更是巨大。

实验员取下铁圈，切开南瓜的时候，发现南瓜的内部已经发生质的变化。为了突破铁圈的束缚，南瓜的中间不再像普通南瓜那样柔软，而是长出了非常坚固的纤维。为了拥有足够的力量，南瓜的根系居然超过了二十四千米。不得不说，生命是大自然创造的奇迹。一个南瓜为了挣脱束缚，居然把根部渗透到花园的每一寸土壤之中，只为了汲取生命的力量，让自己不断成长。

实验员之所以做这样的试验，是想证明生命的力量。如果不是实验结果，只怕任何人都不会相信南瓜的能量如此巨大。他们无法想象那么柔软的南瓜居然能够承受这样的压力，同样的道理，人也和南瓜一样，如果不曾遭遇人生的逆境，人们就不会知道自己的潜能到底有多大。当然，在顺遂如意的环境中成长，人们自然不会挖掘自己的潜能，因为他们毫不费力就能生活得很好。但是如果在逆境之中，人们就不得不去发挥自己的能力，挖掘自身的潜能，从而让生命更加绚烂地绽放。

每当感到绝望的时候，人们都会情不自禁地感到恐惧。在被恐惧裹挟时，我们一定会感慨生命是非常渺小的，人生也是无奈且绝望的，甚至有些人会因此而产生自暴自弃的想法，不愿意继续与人生抗争而争取过上更好的生活。然而这样的放弃恰恰使我们彻底失败，因为一个人如果打心眼里放弃了自己，他还如何能够调整好人生的状态呢？所以我们必须始终牢记生命拥有无限的潜能，不管在什么情况下，每个人都要发挥生命的潜能，激发生命的力量，从而才能够与逆境对抗，也才能够创造人生的奇迹。

只有坚强勇敢，你才能撑起人生的脊梁

新生儿从呱呱坠地开始，就要依靠父母无微不至的照顾和全心全意的爱来不断地成长。他们是那么弱小，甚至无法表达自己的诉求，只能通过哭声来告诉这个世界他感到不舒服，或者是产生了某种需求。在这种情况下，父母与新生儿的心有灵犀，不但能够给予新生儿最好的生活条件，也会竭尽所能地了解新生儿的需求，从而满足新生儿的成长所需。然而随着不断成长，新生儿渐渐长大，从婴儿到幼儿，再到儿童，再到青少年，最终成为一个成年人。他已经不能一味地依靠父母的照顾而生活，成长要求他必须独自面对这个世界，甚至还要成为整个家庭的支撑，肩负起赡养父母的责任。在这种情况下，一个人如果不坚强，又如何能够给予人生最好的交代呢？！

现代社会，人的生活压力都很大，就连小学阶段的孩子也要为了应付考试，为了不输在起跑线上而努力学习。很小的

孩子，就要上各种各样的课外班、兴趣班、补习班，还要应付学校的学习。在这种情况下，他们当然觉得压力倍增，尤其是有些父母还会把自己未尽的心愿寄托到孩子身上，从而无形中给孩子增加压力。有些孩子因为心理素质太差，导致内心郁郁寡欢，觉得人生了无生趣甚至选择自杀。在《好妈妈胜过好老师》一书中，尹建莉老师说过，如今沉重的作业负担已经成为儿童的隐形杀手之一，遗憾的是还有很多人没有意识到这个问题的存在，也不愿意为了解决这个问题而做出任何努力。甚至还有些家长觉得孩子学校的学习任务还不够重，因而给孩子额外布置作业，却不知童年原本应该是快乐的、无忧无虑的，如今却被沉重的书包压弯了腰。如今的小学生中，大多数孩子都戴上了眼镜，不得不说，孩子真的已经比你想象中更勇敢更坚强。那么作为成人呢？尤其是作为父母，不应该把社会的压力转嫁到孩子身上，而要意识到孩子虽然因为父母来到这个世界，却不是父母的附属品，所以合格的父母会竭尽所能地尊重孩子，而不会总是给孩子施加压力。每个人都是自己人生的主宰，每个人都要靠着自己去选择人生的道路。一旦选择了，哪怕再艰难，也必须勇往直前地走下去。因为如果我们不坚强，那么就注定要为软弱付出代价。记住，在这个社会上，没有任何人会代替我们坚强。

一个人如果自己都不勇敢，那么就没有权利要求任何人代替他坚强，或者以坚强来支撑他走过人生漫长的道路。正如一句网络语所说的，你若不勇敢，谁能代替你坚强呢？所以我们都要做人生的主人，哪怕在人生中遇到再多的坎坷磨难，也绝不放弃生命的权利，更不放弃内心的希望。唯有如此，我们才能不断地奋发向上、勇往直前，在人生的道路上取得最好的发展。

一个女孩小小年纪就失去了母亲，后来父亲也因为患病离开了她，从此之后，她不得不跟随爷爷奶奶一起生活。然而，爷爷奶奶已经年迈，没有多余的钱供养女孩。从5岁开始，女孩就跟随奶奶去山上捡柴火。7岁上学之后，女孩每天早上还要起床做早饭给爷爷奶奶吃，然后独自走十几里山路去上学。

即便如此，女孩也没有放弃学习的权利，而是每天都翻山越岭去上学。但是，厄运并没有因此而放过她。读初中期间，女孩因为不小心坠落山崖导致下半身瘫痪。原本人们以为这个家庭一定会因此而散落，毕竟女孩就是家里的顶梁柱，没想到从此坐在轮椅上的女孩从未放弃人生的希望，而是继续努力向前。最终，她不但考上了大学，而且在奶奶去世之后，把爷爷带到学校旁边的小出租房里，每天上完学之后就回家照顾爷爷。

不得不说，厄运是人生的土壤，如果是真正的强者，就能在厄运中不断成长起来，也能让自己生活得更好，而厄运则会让弱者失去面对人生的力量，甚至从此一蹶不振，再也无法站立起来面对人生。

既然哭着也是一天，笑着也是一天，那么我们就应该笑着度过人生的每一天，而不要以泪洗面。很多人在面对人生无奈的选择时，或者因为绝望而选择消沉的做法，或者因为内心充满希望而选择积极乐观的做法。总而言之，命运对于每个人都是公平的，它在给一个人关上一扇门的同时，必然也会给一个人打开一扇窗。我们没有必要抱怨人生，更不能因此而对自己提出苛刻的要求。没有人有权利要求命运对自己如何偏爱或者是照顾，唯有坦然地接受命运的安排，从容地面对命运的一切磨砺，我们才能真正地在厄运之中站起身来，从而让人生有更好的发展和未来。

越是软弱，越是无法摆脱失败

面对人生，有些人一路高歌、奋勇向前，而有些人却胆小怯懦，甚至因此而畏缩退却。实际上，人生如同逆水行舟，不进则退，在人生前进的过程中，每个人只有鼓起勇气，才能奋发向上，而不要因为梦想遭受挫折就从此沉沦下去，甚至陷入沮丧和绝望之中。在人生深陷各种困境的时候，我们还会因为无奈而导致自己止步不前，实际上人生不可能永远岁月静好，只有敢于冒险，我们才能突破禁锢，也才能避免墨守成规，从而彻底摆脱碌碌无为的生活。很多人都因为恐惧而陷入沉默之中，他们觉得沉默是保护自己最好的方式，却不知道在沉默之中，他们与所有的爱人与亲人渐行渐远，也最终失去掌控人生的权利。

一个人如果选择成为海员，那么既要接受大海的风平浪静，也要接受大海的狂风骤雨。一个人如果选择成为飞行员，就要欣赏天空的安谧静美，同时也要接受天空的狂风骤雨。不得不说的是恐惧，适度的恐惧能够保障人们的安全，让人们本能地避免那些具有威胁性的东西，而当面对真正的困难时，过度地恐惧却会让人担心畏缩，甚至不能勇敢面对。实际上，民间有句话叫作无知者无畏，这句话是很有道理的，告诉我们一个人如果是傻大胆，那是因为他不明白很多事情的真相。所以有人说一个人越是心怀恐惧，越是说明他知道更多事情的真相，所以他才会了解自己的恐惧。和他人相处，真正勇敢的人并非不知道恐惧，而是明知道自己面临的危险，却能够想方设法让自己发挥最大的力量克服恐惧。人的本能就是趋利避害，每个人在遇到生活中的艰难困苦时都会想要逃避以保全自己，然而真正的勇士之所以区别于懦夫，就在于懦夫会因为恐惧而逃跑，而勇士却能够战胜恐惧，让自己勇敢从容地面对困难，最终找到最合理的解决方案。

换个角度而言，如果一个人说自己从来不害怕，那么他一定是在撒谎。因为只要是人，而不是上帝，那么就一定会有害怕的时候。感觉害怕并没有关系，最重要的是面对害怕采取的态度和措施。当一个人真正地面对内心的恐惧，也要求自己勇敢地直面恐惧，那么他就能够理所当然地站立起来，成为顶天立地的人。美国前总统罗斯福在就职演说中说过，恐惧是最让人痛恨的东西，因为恐惧是没有任何根据的，也是缺乏理性的。恐惧会让人从进步的姿态改为退缩的姿态，也会让人们的很多努力都消散于无形。所以我们最该重视的就是恐惧本身，只有彻底征服恐惧，我们才能成为恐惧的主宰，也才能让人生有别样的收获。

美国内战的时候，一个17岁的女孩为了找到受伤的弟弟，搭乘轮船去丹尼尔森城堡。在出发之后，轮船上的人突然接到上级的命令要去参加战斗。到达战斗地点之后，战士们都去岸上冲锋陷阵，只留下少量的人在船上负责守卫旅客，保证旅客的安全。然而，因为敌人的攻击，轮船上并不风平浪静。战争就在眼前打响，留在船上的很多妇女都因为恐惧而昏厥过去，这个17岁的女孩却勇敢地跳入战火之中，接连22次冲到岸边，救回了22个重伤员。在轮船开走之后，她还继续帮助医生救援那些伤员，并且勇敢地教其他妇女像她一样为伤员服务。不得不说，女孩并非不恐惧，要知道她只是一个17岁的小女孩，恐惧一定在她心里肆意蔓延。她为了战胜内心的恐惧，因而勇敢地投入战斗，贡献出自己的一份力量，从而为战争取胜赢得更多的可能性。实际上，每个人面对战火都会恐惧，包括那些出生入死的战士，心里一定也深深地害怕失去生命，但是他们并不退缩，这是因为他们知道自己的责任和义务所在。

现实生活中，很多人羡慕他人的成功，却不知道很多成功者都是因为富有冒险精神，才能突破自身做出伟大的事业。对于每个人而言，只是想一想固然是非常容易的事情，但是唯有真正地勇敢去做，才能让自己越来越接近成功。很多时候，人们总是想方设法地远离恐惧或者远离那些让自己感到恐惧的东西，却不知道当他们保证自己不失败的同时，也让自己与成功失之交臂。这个世界上处处充满危险，走在路上会有车祸的危险，去旅行和运动会有受伤的危险，哪怕是坐在家里也会遭遇危险，所以可以说世界上没有任何地方是绝对安全的，因而我们必须战胜内心的恐惧，才能突破内心的藩篱，也才能让自己在人生中有更好的表现。

人生，就要以不变应万变

很多喜欢看武侠小说的朋友都会发现，在武侠小说中，真正的武功高手并没有特别复杂的招式，甚至他们的招式去繁化简，只剩下一招，而且看起来非常缓慢且愚钝，但正是这样的招式能够起到出神入化的效果，并且制敌人于无形。到底如何才能够让自己成为成功者呢？实际上，那个招式固然能起到一定的作用，更重要的是他们的意志很坚定，内心很从容。首先，一个以不变应万变的人在气势上就先胜了对方很多，而当他们完美地使出杀手锏，就更会给对方造成巨大的压力，也就会降服对方。

很多人误以为，所谓的强者就是有着强壮的身体，有着高尚的精神境界，实际上真正的强者并不仅仅指具备这两点，最重要的品质和素质是在危急的情况下，他们能够保持冷静，处变不惊。正因为如此，他们才能够应付一切难关和危机，从而始终从容不迫、镇定自若。作为微软帝国的缔造者，比尔·盖茨就是一个非常镇定的人，哪怕是面对危机，他也总是能够保持冷静，不让自己陷入情绪的旋涡失去控制，而是会像一个真正的大将一样表现出王者风范，从而降服敌人于无形。

无论在大自然中，还是在人类社会中，恐惧其实无处不在，而且没有人能够预测危险何时发生。这种情况下，如果因为担心危险发生就总是束手束脚，把自己装在套子里，不敢勇敢地面对外界，那么我们固然不会遭遇失败，却也同时失去了成功的机会。所以我们每个人都应该以不变应万变，这样才能在人生中有更好的发展。越是在危机的时候，我们越是应该表现出理智的风采，这样才能够彰显自己的能力，也表现出自身的与众不同。

现实生活中，很多人的表现都是不一样的，有的人能够镇定自若，有的人却会惊慌失措，还有的人甚至完全崩溃，不知道自己接下来应该做什么。殊不知，面对危机的时候，越是慌乱，越是容易导致结果变得糟糕。在紧要关头，真正的强者始终保持头脑冷静，从而凭借智慧解决问题，凭借勇气化解危机。有心理学家经过研究表示，在非常愤怒和紧张的情况下，人的智商也会瞬间降低。既然如此，我们为何要因为愤怒而使得人生失去最好的机会呢？归根结底，慌乱和惊慌失措并不能解决问题，要想圆满地解决问题，我们就必须保持理性，从而做到以不变应万变。

质疑和嘲讽，都敌不过你的实力

每个人生活在这个世界上，都应该任人评说，没有人能够管住别人的嘴巴不评论自己，唯一能做的就是让自己变得更完美，从而做自己真正想做的事。当我们做了最真实的自己，那么不管别人怎么评说，都无须过于在意，这是因为一个人要拥有强大的内心，要在坎坷挫折与磨难中不断地成长，就是要能够接纳他人的批评与嘲讽，甚至是在面对他人的质疑时，也依然能够谈笑风生，气定神闲。也许有朋友会说，他人都质疑和否定我，难道我还要赔着笑脸吗？记住你的笑脸不是给别人看的，而是给你自己看的，如果你能做到发自内心地微笑，那就说明你是真正的强者，否则，你在面对他人的质疑与嘲讽时忽然间变得歇斯底里，无法控制自己，那么你就会遭遇很多困境，也会在人生中面临尴尬的局面。

也许有些朋友会问：如何才能表现出自己的实力呢？的

确，有些人通过比赛来征服对手，表现实力；有些人通过展示自己来表现个人魅力；而有些人则通过微笑，展现出自己的气定神闲和与众不同的风度。一个真正自信的人必然能够接纳他人的批评和质疑，甚至是他人不怀好意的嘲讽，这是因为他们的内心足够强大，知道自己不会因为他人的恶意评价就改变什么。正因为如此，他们才更加坚定从容，也正因为如此，他们才能在人生的道路上走得更长远。现实生活中，总有些朋友因为自尊心太强或者过于敏感，因而无法接受他人的质疑。尤其是在面对他人的嘲讽时，他们总是犹如一头困兽一样歇斯底里。殊不知，这样的反应并不能伤害别人，却会使自己在人生中一蹶不振。记住，对于很多自卑的人而言，批评就像是人生的毒药，很有可能会让他们的一生因此而变得面目全非。但是对于真正的强者而言，他们反而愿意接受批评，哪怕这种批评是敌人提出的恶意批评，也能为他们提供机会，让他们看到自身的弱点，从而让他们更加卓有成效地提升和完善自己。

伟大的成功学大师卡耐基曾经说过，一个真正的人生强者，不会因为他人的质疑和嘲讽而否定自己，或者导致自己的心情波动。如果他因此而出现反常的表现，那就意味着他的内心太脆弱，从而根本无力承受别人的质疑和嘲讽。所以你是否能够接受他人的质疑和嘲讽，并不意味着你的宽容大度，而意味着你的内心强大到什么程度。

大多数人都能意识到面对批评、嘲讽和质疑应该彰显自己内心的博大宽度，否则就会因此陷入他人更深刻的嘲笑和否定之中。记住，你的愤怒并不能为你加分，反而是你人生最大的减分项。所以，你只有气定神闲、淡定从容、谈笑风生，才能够给人生增加分数。

当然，我们也不能因此对他人的质疑和嘲讽无动于衷，否则就是内心麻木。这与宽容大度，或者是有强大的内心所做出的表现，是截然不同的。如果在他人恶意攻击的时候，我们依然能够淡定从容，那么我们的自尊心就会成为人生的支撑，也才能够在人生中起到积极的作用。对于不同的人而言，批评和质疑有可能会给人生带来毁灭性的打击，也有可能会变成人生的混凝土，让人生变得更加坚固。对于每个人而言，自尊当然是非常重要的，但是如果过于自尊，那么就会受到自尊的负面影响，因为过度自尊会让人的内心变得非常敏感，甚至对于他人无心说出的一句话，也会引起如同地震一般的反应。在这种情况下，受到影响的当然是我们的内心，而并非是他人的内心，所以我们必须把内心修炼得更加强大，才能在任何的语言风暴中都傲然屹立，也才能够保持自身的完善，成为人生中真正的成功者。

第7章

选择人生，主动权完全掌握在你自己手里

每个人都是自己生命的主宰，也是自身命运的守护神。任何时候，我们唯有更加坚定不移走好人生之路，才能在人生的道路上勇往直前，也才能掌握人生的主动权，给予自己不一样的人生，也让人生更加充实、辉煌。

越是害怕，越会陷入糟糕境遇中

现实生活中，我们经常发现别人似乎轻而易举就能获得很多好机会，也因此，他们能够勇敢地改变人生，卓有成效地在人生中获得更好的发展，然而实际上这样的机会总是隐藏在人生的绝境背后。很多情况下，人们在感到内心非常恐惧和害怕时，恨不得马上就要退缩，或者找个地方隐藏起来，却不知道这个时候机会恰恰就在眼前。最重要的在于我们要拥有一颗勇敢的心，这样才能够发现机会，也能够当即抓住机会。曾经有人说，一个人如果总是胆小怯懦，哪怕机会从他眼前经过，他也不敢伸出手去抓住机会。正因为如此，所以每个人的人生才会截然不同。实际上心理学家经过研究发现，大多数人在天赋方面都相差无几，除了那些天赋异禀者，剩下的都是普通人，但是之所以普通人的人生也相差迥异，就是因为有些人面对人生的绝境，能够勇敢地去挑战，而有些人面对人生的困境，却总是胆怯畏缩，最终导致错失良机。大多数人都认为人生需要很多条件才能获得成功，但是实际上成功并不像我们想象得那么复杂。很多时候，只要拥有勇气，只要能够揭开绝境的面纱，我们就不会让自己陷入糟糕的境遇。

伟大的诗人歌德曾经说过，假如你只是失去了一些金钱，那么你就失去人生中极少的部分；假如你失去了自己良好的荣誉，你就失去人生很重要的部分；如果你缺乏决绝的勇气，那么你就会彻底失去人生，再也无法把控和掌握人生。很多人都认为成功需要复杂的条件，不但要天时、地利、人和，而且要有很多有力的支持和帮助，但是实际上当我们真正勇敢地迈出通往成功的第一步，成功的可能性就变得很大，这是因为只要足够勇敢，我们就能成为人生的主宰，只要足够勇敢，我们就能够拥有更远大的未来。

爱丽丝看起来非常普通，她长得并不漂亮，而且也没有很高的学历。但是她却有一份非常好的工作。她在一家酒店里当大堂经理，把工作做得风生水起，得到领导很大的认可，这到底是为什么呢？

实际上，爱丽丝在拥有这样平步青云的职业晋升途径之前，只是一个名不经传的小服务员。她高中毕业，并没有大学的学历，当初应聘到酒店工作就是作为服务员，而且还是客房里的清洁工。然而爱丽丝并没有因此而看轻自己，她努力地把工作做到最好，渐渐地赢得客户的认可，也得到同事的认可和赏识。随着身边的人对她的评价越来越高，甚至还有客人特意写表扬信寄给酒店，他们认为爱丽丝负责的房间是他们住过的最好的房间，就这样领导渐渐地认识了爱丽丝，并且记住了爱丽丝。

爱丽丝越来越自信，而且越来越喜欢自己的工作。有一次，一家大酒店提出招聘公告，并且说着急寻找最负责、认真的大堂经理，爱丽丝原本觉得自己各方面的能力都不足，但是思来想去却不愿意放弃这个千载难逢的好机会。为此，她当机立断，带着简历去应聘，虽然她的简历并上写的是高中毕业，并不符合酒店要求的本科毕业，但是爱丽丝相信凭着自己的努力和在酒店工作这几年的经验，一定能够打动面试官。就这样，爱丽丝参加了面试，当面试官问她为何明知不符合要求却前来面试，爱丽丝不卑不亢地回答："虽然我的学历不符合贵公司的要求，但是我相信我的资历一定是所有应聘者中最好的。我可以把马桶刷到亮洁如新，我也可以舀起马桶里的水喝下去，这就是我的自信。我觉得既然我能把马桶擦得这么好，我也能把其他的事情做得同样好。"听了爱丽丝这个有创意且个性和信心都十足的回答，面试官对爱丽丝很感兴趣。其他应聘者只有5分钟的面试时间，但是爱丽丝却与面试官整整交谈了半小时，在这半小时里，面试官深刻意识到爱丽丝是一个特别有责任心，而且对工作认真负责的好女孩，为此面试官破格录取了爱丽丝。爱丽丝担任酒店的大堂经理之后，果然不负众望，她每天都坚持做好自己的本职工作，而且还利用业余时间努力提高自身的学历水平。等到3年过去，爱丽丝考取了本科文凭。可想而知，当酒店内部在进行招聘和提拔的时候，爱丽丝自然拥有双重的优势，当然也就职业前景一片光明了。

爱丽丝之所以能够获得成功，是因为她面对酒店招聘的本科要求并没有打起退堂鼓，而是鼓起足够的勇气，相信自己可以凭借经验和对工作的认真负责取胜。正是因为这样的勇气，让爱丽丝拥有更多的机遇和可能性，也让爱丽丝的人生变得更加充实和美满。可想而知，每个人对人生都有自己的理解，而一个人无论如何都要鼓起足够的勇气，才能勇敢地把控人生，否则当他们总是自轻自贱，又如何能够给予人生更好的发展机会呢？

机会不会只是以单一的形象出现在人们的视野中，很多时候，机会更会以各种形式和面貌出现。作为一个敏感的人，我们一定要觉察到机会的到来，更要当机立断，努力勇敢地抓住机会，这样我们才能给人生与众不同的开始，也才能够在面对人生的时候，拥有更多的主动权，占据更多的优势。实际上，人生有很多的机会，它们都隐藏在勇敢之后，只要我们真正发自内心地勇敢，也切实地迈出第一步，那么我们就能够赢得成功，也能够在成功的道路上越走越远。

够勇敢，你才不会因为怯懦错失人生

任何情况下，当你陷入人生绝望的境地，都不要自暴自弃，更不要彻底放弃努力，这是因为只要你鼓起勇气，内心充满希望，哪怕只有很少的机会获得成功，也能够让自己拥有杰出的表现。正如人们常说的尽力而为，实际上尽力而为是远远不够的。在绝境之中，我们必须拼尽全力，绝不放弃，才能够找到生机。很多细心的朋友会发现，好莱坞众多影星在人生之中会有非常杰出的表现，是因为他们哪怕面对绝境也绝不放弃，就像人们常说的真正的强者是笑到最后的人。而一个人如果遇到顺境就扬扬得意，遇到逆境就自甘堕落，那么他无疑会成为人生的奴隶，也会被人生所唾弃。

绝境之中生存，我们既要拥有坚定不移的勇气，也要拥有顽强不屈的意志，因为绝境既意味着人生的困境，也意味着对人生的考验。这就像医生做一场难度很大的手术，所谓生死就在一瞬间，医生必须抓住千载难逢的机会，当机立断做出决定和决断，而且不轻易放弃病人的生命，这样才能够在看似不可能的情况下创造人生的奇迹。有的时候，也许病人能够坚持，医生也能够多坚持一会儿，那么病人就会捡回一条命。同样，面对人生的绝境，我们也应该如此，当我们从心里鼓起勇气，当然能够成功地改变人生，也才能更好地面对人生的各种境遇。生命本艰难，唯有如此，我们才能够鼓起勇气，让自己更好地活下来，也才能够让生命变得充实而有意义。记住，绝境同时意味着新的生机，唯有不放弃，我们才能更好地生存。

在一场矿难中，10名矿工被埋在矿井之下，对于他们而言，最艰难的是矿井封闭很严密，他们生存的狭小空间里根本没有足够的氧气。按照他们的人数和空间的大小，他们顶多能够活3小时。每个人都很紧张和焦虑，在这10人中，只有一个矿工戴着手表，所以为了了解时间的流失，大家要求这个矿工每隔半小时就报一下时间。

在煎熬中，时间过得很慢，但是当这个矿工第一次报出时间已经过了半小时的时候，大家却觉得非常紧张和焦虑。因为这意味着他们的生命只剩下六分之五，所以矿工们不由得相互对视，有的矿工甚至唉声叹气起来。戴手表的矿工明显地感觉到其他同伴的紧张不安，他意识到如果时间过得飞快，那么大家的心理压力都会增加。为此，他有意识地延长时间，等到报时的时候，时间已经过去80分钟，但是他却说时间刚刚过去一小时。此后，每一次报时，他都有意识地延长时间，少则十几分钟，多则20或者30分钟。在这样 一次又一次的延长中，原本的3小时变成了6小时。就这样，当救援人员赶到的时候，其余的9名矿工都得救了，只有那个负责为大家报时的矿工因为窒息而死。这让人感到惊讶，因为按道理来说，每个人都应该感觉到时间的流逝，那么为何只有这个报时的矿工窒息而死呢？实际上，是因为他很清楚时间的流逝，也因此而承受了更大的心理压力。他欺骗了其他9名矿工，告诉他们时间过得很慢，使那9名矿工知道自己并不是死期将近，而报时的矿工却清楚地知道，时间已经悄然流逝。为此，他不但承受着身体上的巨大压力，也承受着精神上的危机感，所以他才会感到绝望。最终，虽然他延长了其他矿工的生命，却让自己的生命悄然终止。

有心理学家经过研究发现，当经历大的灾难之后，幸存者会因为受到严重的心理创伤而导致自己意识模糊，所以他们并不能准确地感知时间的流逝，也不知道死神将会在何时到来。因而，他们心中充满希望，无限渴盼救援人员及时赶到，那个戴着手表的矿工则因为知道了真相，所以导致内心绝望，最终窒息而死。现实生活中，这样的事例并不少见，一名工人被误锁在冷库之中整整一夜，等到其他工人来上班的时候，发现他已经被冻死在冷库中，而最让人们惊讶的是，他完全符合冻死的表现症状，而实际上这个冷库并没有打开冷气。虽然气温并不高，会让人感到寒冷，但是却不足以把人冻死，由此可见，这个工人是被自己内心的寒冷冻死的，而并不是被外界的气温冻死的。这是因为他的心陷入绝望，意识到自己在冷库零下几十度的温度中必然会被冻死，而实际上没有启动的冷库始终维持在零上几度的温度，也许会把人冻感冒，却不会把人冻死。而且冷库很大，冷库里的氧气足够他等到第二天救援的到来。这就意味着一个人如果心陷入绝境，那么他们的生命也会陷入绝境。反之，一个人内心充满希望，拥有强大的内心，就能打破绝境，从而创造生命的奇迹。

在这个世界上并没有真正的绝境，对于任何人而言，当心陷入绝境之中，那么那些伪装的绝境就会变成真正的绝境，也会成为人生的拐点，让人生由此进入尴尬的境遇。常言道，否极泰来，也就意味着当事情变得非常糟糕的时候，就不会变得更坏，反而有可能转向好的发展方向。所以越是面对绝境，真正的强者越是能够鼓起勇气，不会因为胆怯和绝望而彻底失去对人生的操控和把握。

心有牵挂的人，更容易放弃

面对人生的绝境，很多毫无牵挂的人反而能够鼓起勇气，激发自身的一切潜能，无所顾忌地与命运抗争。而那些心中有所牵挂的人，因为顾虑太多，导致自己无法真正决绝地对抗命运。在这种情况下，要想让一个人变得强大，首先应该让他的内心无牵无挂。也许有些朋友会说，一个人怎么可能无牵无挂呢？的确，真正无牵无挂的人，只有出家的和尚或者是尼姑庵里的尼姑。在现实生活中，每个人都有自己的牵挂，也有自己的心之所向和心之所系。但是我们应该学会调整自己的心态，让自己知道唯有真正一往无前，才能在人生中开阔更好的境遇，也才能让人生拥有更强大的未来。很多人总是因为各种顾虑而瞻前顾后，那么就很难真正把握人生的主动权，也无法在人生中拥有更好的未来。在这种情况下，我们要想处理好人生的各种事情，首先要摆正心态，从而才能把能力发挥到极致，让人生充实而有意义。

秦朝末年，因为秦王的残酷统治以及严重的苛捐杂税，导致民不聊生，全国各地的人民怨声载道，再也无法忍受秦王的统治。为此，各地纷纷揭竿起义，由那些具有号召力的首领带领着反抗秦朝的统治。由此可见，秦朝灭亡是大势所趋，然而项羽作为重要的反秦力量，也起到了至关重要的作用。

秦国派领大将军章邯率领30万大军，把赵国如同箍铁桶一样严密地包围起来，使得赵国陷入艰难的境遇，危在旦夕。无奈之下，赵王只好派人火速赶往楚国，向楚怀王求救。楚怀王深知唇亡齿寒的道理，当即任命宋义为上将军、项羽为次将军，让他们二人率领20万大军去给赵国解围。殊不知，宋义是个贪生怕死之辈，他知道秦军势力强盛，根本不敢与秦军对抗，因而在进军到半途之后就原地驻扎，从此之后过着花天酒地的生活，根本不管全体将士缺衣少食，生存艰难。项羽几次催促宋义带军前进，宋义却充耳不闻，最终，项羽一气之下杀掉宋义，自命为代理上将军，然后火速率领大军开拔去给赵国解围。

接近目的地时，项羽首先派出先锋部队斩断秦军的粮草道路，随后又率领主力大军度过漳河。项羽当然也很清楚秦军的实力，为了激发出全体将士誓死抵抗秦军的气势，项羽先让全体将士放开肚皮吃了个肚饱溜圆，然后又给每位将士分了三天的干粮，随后就下令凿穿渡船的船只，砸碎做饭用的锅灶，然后又一把大火烧掉夜晚露营的帐篷。如此一来，每位将士都意识到破釜沉舟之后，根本无路可退，所以在与秦军的战斗中，他们全都奋不顾身，以一当十，最终彻底打败秦军。这次战役，项羽不但救了赵国，而且也让秦军元气大伤。此后才过了两年多，秦朝就因为势力衰微，彻底灭亡了。

这个故事中，项羽之所以能够率领大军打败强大的秦军，就是因为他凿穿了渡河的船，烧毁了住宿用的帐篷，而且打碎了做饭的锅。这样一来，全体将士都知道再也没有回头路可走，也知道打败秦军才是他们唯一的出路。在这种情况下，每个人都绝不畏缩和退却，因为他们知道只有努力地向前冲，才能赢得生机。不得不说，项羽是非常聪明的，而且做事情很决绝。正因为如此，他才能够在看似不可能赢的情况下，接连九次打败秦军，从而挫伤了秦军的元气，也由此奠定了秦国没落的基础。试想一下，如果项羽不这么做，那么将士们知道即使无法战胜秦军也可以退回头逃跑，回到自己平安的国家之中。原本项羽就是作为援军打击秦国的，所以将士不会有太急迫的心理。项羽正是抓住了将士们的这种心理，从而才能有的放矢做出破釜沉舟的决定，让将士们一往无前，以一当十。

现实生活中，我们也经常会面临各种糟糕的情况，很多人都希望挽回糟糕的情况，让人生好转，而实际上，有的时候情况并非是不够好，而是不够坏。当情况进一步恶化，坏到不能再坏的时候，我们原本惶惑不安的内心却突然安定下来，既然如今已经是最坏的情况，那么情况再坏也不会比现在更坏。这个时候，我们就应该更加努力，才能让事情朝着好的方面发展。如此想来，人们当然能够更加坚定，也不会瞻前顾后、犹豫不决了。总而言之，每个人在生活中都会有所牵挂，但是要把握好牵挂的力度，不要总是因为牵挂而让自己犹豫不定，否则牵挂就会成为掣肘，我们的力量也会因为牵挂而变得分散。

即使有缺憾，也可以很绚烂

事情一旦既成事实，就无法改变，就像历史只能永远地纪念，而不能去改变一样。一个人就算能力再强，也无法与命运的规律相抗争。对于个人而言，身上的每一个伤疤，心口中的每一个疤痕，一旦形成就很难复原，那么我们要做的不是回避伤疤的存在，而是正面地面对伤疤，从而才能把伤口彻底疗愈。否则，暂时的避让只是掩人耳目、自欺欺人的行为，对于解决问题根本没有任何意义。对于每个人而言，生命总是有各种各样的缺憾，所以我们应该用学会弥补去给伤口打上补丁，从而促进伤口的愈合。有的时候，我们应该感谢命运的磨难，细心的朋友会发现，当大树木遭遇外力的打击，导致树干出现缺口的时候，它就会分泌更多的树胶在缺口地方形成结疤。等到结疤真正愈合之后，反而比完好的树干部分更加结实和坚固。很多朋友都有过骨折的经历，那么就会发现一旦骨头受到伤害，受伤处就会生长出大量的骨痂，从而把伤口的地方严严实实地包裹起来。这样一来，断裂的骨头反而会更加结实，甚至比健康的骨头更牢固。让生命开出美丽绚烂的花朵，这对于人生而言是至关重要的。

人生不如意十之八九，没有人的人生是一帆风顺的，所以面对人生，我们必须总结经验和教训，哪怕遭遇坎坷和挫折，也让自己从中得到成长，积累人生的经验。在这种情况下，人人都要更加努力地面对人生，从而以积极的态度改变人生的趋势，让人生拥有更好的发展。

陌陌是一个非常爱美的姑娘，虽然她只是一名大学生，但是她总是省吃俭用，积攒下微薄的生活费，包括打工积累的钱，给自己购买漂亮的衣服。有一段时间，陌陌看上了一件特别漂亮的时装西服，她很想把这件西服买来穿在身上，也不止一次想象自己穿着西服在校园里行走的拉风模样。最终陌陌积累了三个月的钱，而且把自己兼职打工的收入都聚集到一起，才勉强买下来这件西服。刚刚买回西服，陌陌就在更衣室穿上，果不其然，穿着这件衣服走在校园有极高的回头率，陌陌觉得太酷了。

陌陌很怕这件衣服受到损伤，因而不管去哪里都会小心翼翼地保护它，避免被刮蹭。正如墨菲定律所说的，如果你很担心一件糟糕的事情发生，那么它就真的会发生。在穿着这件衣服不到一个星期陌陌去食堂吃饭的时候，不小心把后背刮出了一道缝。陌陌觉得简直太痛苦了，因为这件西服可是她小半年的心血呀。她遗憾地说：“这么贵的衣服，我费尽心力才买回来，如今却变成了废品，真是让人可惜！”这时陌陌的好朋友说：“陌陌，既然你觉得这件衣服是废品，不如就把它给我练练手艺吧。我如果把它修补好，你还可以继续穿下去，你觉得呢？”陌陌无所谓地说：“好吧。你要是能把它修补好，我一定要请你吃大餐。”其实，陌陌对此根本不抱希望，因为一件完美无瑕的西服，不论怎么缝补，都无法变得和之前一样完美无瑕。

一个星期之后，好朋友把修补好的西服还给陌陌。在看到西服的一瞬间，陌陌原本漫不经心的表情忽然间变得惊艳起来，她睁大眼睛，张大嘴巴，以一副完全不可置信的神情看着好朋友。原来，在好朋友巧手的缝补下，西服后面的破口处变成了一只酷酷的手枪。这支手枪是好朋友用黑黑的细丝线一针一线缝补出来的，看起来亮闪闪的，闪耀出冷冷的光泽，使得西服更加完美。为了起到遥相呼应的效果，在枪的另一侧，还有一颗闪耀着冷冷光泽的子弹。陌陌简直不敢相信，过了好久，她才大声惊呼：“亲爱的，这是你做的吗？你简直就是艺术家呀！这件西服由此身价倍增，甚至比它原来的价值高出很多。要知道，这件西服已经成为地地道道的艺术品了。”好朋友笑着说：“虽然那地方原本是一道伤痕，但是只要我们非常用心地去修补，伤痕也能变成不可复制的亮点所在。”

好朋友的巧手让西服的伤疤展现出不同的美，甚至成为艺术品，实际上，这个世界上很多伤痕都能经过修补起到同样的效果。我们可以成为伤痕的修补者，也可以让伤痕绽放出绚丽的花朵。生命的意义之所以难能可贵，就是因为伤痕的存在，每个人因为不同的伤痕而变得更加独特，因为处理伤痕的方式不同，也让人生有了与众不同的呈现与发展。

实际上，修补是心灵的力量在发挥作用，面对同样的事情，强大的心灵能够使其绽放出绚烂的光彩，也能够让其成为生命的燃料，而弱小的心灵则会就此沉沦下去，甚至在人生中无法表现出更好的姿态。

心境坦然，不会患得患失

很多人认为，在人生之中，只有那些软弱怯懦的人才会有低谷，实则不然。命运对每个人都是公平的，哪怕是作为真正的强者，也会遭遇人生的低谷，也会无法避免挫折与磨难。有的时候，那些成功者在获得成功之前还会遭遇更多的窘境，甚至备尝人生的艰辛，但是他们最终之所以能够获得成功，就是因为他们意志坚定，也对生命怀有必胜的信念。正如每个人都会经历生命的低谷，有的人选择自卑面对，有的人选择坚强面对。总而言之，唯有从容地面对人生的低谷，我们才能够摆脱自卑，让自己变得更加勇敢和伟大。

大多数时候，我们只看到成功者的成功，却忽略了他们在成功之前遭受的折磨，也不曾看到他们为了获得成功而付出的所有努力。在人生陌路的日子里，每个人都曾洒下汗水与泪水，甚至付出流血的代价。唯有坚持不懈，始终心怀希望，才能在人生中迸发出最大的力量。成功者与自卑者最大的区别，就是面对人生困境时的态度。尤其是很多自卑者在面对人生时，总是患得患失，不知道自己应该如何选择。实际上，不管人生的低潮期多么艰难和漫长，时间最终会带走一切的不如意，生活始终要继续下去。真正的人生强者必然要咬紧牙关熬过困境，从而才能迎来幸福的未来。

很多朋友都喜欢看拳击比赛，那么就会发现胜者之所以能够最终获胜，并非在比赛开始就能把对方打得落花流水，甚至有很多最终的决胜者在比赛一开始，反而会被对方打得毫无招架与还手之力。这是因为他们不了解对方的招数，也不知道如何应对。随着比赛的推进，他们越来越了解对方，这时，他们才能以决绝和勇气，也以智慧和谋略战胜对手。当然，不管他们怎样获胜，对他们而言，最重要的就是绝不放弃。

没有人的人生会一马平川、道路平坦，人生就像是在攀登，在不断向上的过程中，人们必然会遇到高低不平的地方。同样的道理，也没有人能够永远一帆风顺，更不可能从头到尾都很顺利地走完人生之路。面对生命的不如意，面对人生的坎坷泥泞，我们必须激发起自身昂扬的斗志，从而鼓起勇气，以顽强的意志走完人生之路，也到达人生的彼岸。

现实生活中，很多人羡慕他人的强大和成功，却不知道他人之所以能有今日，都是熬过坎坷的过去才修炼得来的。如果我们总是奢求人生只能成功不能失败，必然因为过于顺遂而缺乏承受失败的能力。在人生中最黑暗的时候，我们必须依然坚定不移、信心十足，这样才能从容面对人生，也才能彻底摆脱人生的艰难险阻，从而度过生命中最难熬的阶段。正如诗人雪莱说的，冬天来了，春天还会远吗？的确如此，在最糟糕的境遇下，在最深刻的黑暗中，希望肯定会来到，黎明也最终会来到。

第8章

付诸行动，行动才是检验勇气的唯一标准

说起创新，很多人都会有好的创意，然而如果创新只能停留在空想的阶段，那么就会因为拖延而变得毫无意义。现实生活中，也有很多人标榜自己是真的勇士，却不知道真正的勇士除了有好创意和绝妙想法之外，更能够第一时间展开行动，从而让自己的人生戒除拖延、当机立断，也勇往直前。

行动，才是通往成功的第一步

很多人误以为成功一定要拥有积极的心态，这样在面对人生的困境时，才能做到乐观向上。而实际上，人生要想获得成功，除了积极的心态之外，还应该有方法去应对恐惧，这样才能战胜发自心底的胆怯，也才能改变人生怯懦的姿态。每个人在人生的路上只有勇往直前，才能够彻底消除内心深处的恐惧和犹豫不决，也才能让人生乘风破浪。否则，再好的想法一旦耽于想象，就会让人无限拖延下去，也让人彻底失去行动力。

纵观古今中外，无数的成功者之所以能够获得成功，就是因为他们拥有积极的心态，而且还能够在第一时间当机立断展开行动。这使他们不会接二连三地犯错误，而是能够抓住最好的时机，在人生中不断地推动自己努力向前。任何人，如果只有所谓的空想，而不能够做到心态积极、勇往直前，那么他们最终会错失最好的发展机会。归根结底，一切空想对于人生都毫无意义，要想让人生拥有更美好的未来，我们只有积极地展开行动，遇到任何困难都绝不放弃。

如果总是让梦想耽于所谓的空想和幻想，而没有付出任何的实际行动，那么不管想象再怎么美好，一切都会成为幻境。

伟大的成功学家卡耐基说过，一个人要想实现梦想，就要当机立断，勇敢地去做，哪怕心底里有深深的恐惧，也要战胜这份恐惧，鼓起所有的勇气去行动。这样一来，才能让恐惧消除，也才能让人生绽放出不同的光彩。细心的朋友也许会发现，一个人如果心怀恐惧，而又无限拖延，那么恐惧就会在拖延中发酵。相反，如果当机立断去做，也许事实会告诉我们事情并没有那么糟糕，也会帮助我们及时调整思路，呈现出更好的表现。所以任何时候都不要要求自己一定得把某件事情做到什么程度，而是要记住，哪怕最终遭遇失败，行动也比无动于衷来得更好、更有效果。

哪怕再有想法，哪怕把未来设想得再好，如果始终不能够真正展开行动，就会导致一切想法都变成空想，对人生毫无意义。不管怎样，切实行动能够让我们消除内心的恐惧，而在行动的过程中，我们不得不应付各种突发的情况，也无暇再去杞人忧天。同样的道理，行动能够让我们缩短与目标之间的距离，这样一来才能够实现梦想，也才能让自己得到更好的发展。正如一句广告词所说的，心动不如行动，我们与其羡慕成功者的成功和光环，还不如当机立断，让自己切实地努力，从而距离成功越来越近。

在真正获得成功之前，每天都把成功挂在嘴上，不如把成功放在手上，让自己通过努力更加接近成功。要知道，这个世界上没有不劳而获或者一蹴而就获得成功的人。成功是永远没有终点的，就像人生是一趟没有归途的旅程。既然如此，也就没有人知道人生的终点在哪里，我们只能一步一步、艰苦跋涉地往下走去。否则，如果我们总是停留在原地，止步不前，那么就会被生活的洪流远远地甩下，最终成为滞后者。

周密的计划，更有利于推进行动

现代社会处于信息大爆炸的时代，使得人们要想做成一件事情，必须抓住先机。尤其是当信息的传递速度越来越快，很多事情的先机也变得更加短暂，所以一个人要想获得成功，适应时代的变化，就必须提开自己的速度，当机立断地展开行动，否则他们就会眼睁睁地看着机会从眼前溜走，却无法抓住机会。这一切都告诉我们，一个人唯有适应时代的变化，适应瞬息万变的形式，才能战胜内心的怯懦，才能让自己变得信心满满。对于这件事情，成功学大师卡耐基也有相同的观点，他认为很多人之所以总是无法获得成功，并不是因为他们的内心对失败怀有深深的恐惧，而是因为他们害怕成功。因为成功从来不是一蹴而就的，世界上也没有天上掉馅饼的好事，所以他们一想到成功，就觉得必然要很付出很多，因而对成功望而止步。的确，对于很多人而言，成功意味着付出，意味着不可知的危险。

命运并不会偏爱任何人，在通往成功的道路上，人人都有可能受到伤害，所以成功并非像人们想象中那样花团锦簇。很多人在面对成功的时候都会胆怯，甚至担心因为成功而失去朋友。既然成功会给人生带来这么多恐惧，我们又为何要追求成功呢？还有些人对人生最大的渴望就是岁月静好，所以他们不愿意让成功扰乱自己的生活，而愿意平平淡淡，这也许是人们恐惧成功的又一个原因吧。

一个人要想在追求成功的道路上获得真正的成长，要想让自己的人生变得充实，更接近成功，就要学会克服内心的恐惧，从而勇敢地改变和接纳自己。当然改变并非是一件简单的事情，很多人都默守人生的秩序，不愿意让人生有些许变动，在这种情况下，当然要竭力去改变。为了保证改变的顺利进行，最好的方法就是在改变之前先进行周密的计划，然后不断地推动计划往前发展，把计划变成切实的行动。这样一来，我们只需要按部就班，然后根据事情发展过程中的情况来随机应变，就能够很好地处理问题。这远远比像没头苍蝇一样四处乱撞，不知道自己该干什么更好。

寒冷的冬天，在没有冷气的南方，很多人早晨起床都非常困难，因为他们不愿意离开温暖而又干燥的被窝，让自己进入潮湿阴冷的空气中。不管是对于孩子还是对于成人而言，这件事情都是很困难的。有的孩子因为害怕寒冷，晚上甚至不愿意脱掉温暖的衣服进入冰冷的被窝。为了解决这个问题，人们想出了一个好办法，那就是晚上在被窝里开着电热毯，早晨起床的时候在屋里开暖气。这样一来，不管是睡觉还是起床都变得没有那么困难，也给人们的生活带来极大的便利。当然，这样的改变是在有计划地进行，否则，哪怕是简单的一个小举动，都会让人产生抵触心理。

常言道，一天之计在于晨，一年之计在于春，对于大多数人而言，要想让一天充实地度过，一定要给自己制订详细的规划。而要想一年一年充实地度过，就要拥有明确的规划以及切实有效的行动目标。实际上，很多人都不会等到自己精力充沛的时候再去完成那些伟大的事业，相反，他们会不断地鼓舞自己，让自己拥有斗志和信念，去坚持完成某些事情。否则，如果任由自己主动而又自由地完成某些事情，那么不得不说，人的自律并没有达到那么强的地步。当然，并非一切强迫的力量都要来自外界，很多时候我们可以主动推动自己去做很多事情。

大学毕业之后，张丹就想为自己积攒一些钱，以便付首付买一套小小的房子。然而，转眼之间，他虽然已经工作3年，但是不管挣多少钱都是月光族，所以面对毫无积蓄的现状，他觉得很窘迫。他不止一次地告诉父母，一定要攒出首付的钱，但是如今他却身无分文，眼看着身边的很多朋友都已经买房买车，张丹更是心急如焚。

一个偶然的机会，张丹知道有一个楼盘要开盘，而且价格很低，为此他决定向父母借钱付首付，然后每个月还月供。原本，张丹以为父母会质疑他为何工作3年却没有攒下钱，不想父母听说他的想法后当即对他表示大力支持。妈妈语重心长地对张丹说："孩子呀，你要想靠着自己去攒首付是很难的，因为有了钱，你就会想花，有了钱，你的开销也会变得更大。但是在付了首付之后，你就有了压力，每个月拿了薪水会先把月供还掉，然后再去努力地工作挣钱。这样一来，你也因为有适当的压力，在工作上有更大的动力。"妈妈的话说得张丹连连点头，他意识到自己的确需要更大的压力和动力，为此他毫不迟疑地从父母那里借来首付款。从此之后，他虽然花起钱来没有以前潇洒，但却觉得内心充实而又充满希望。

对于如今的很多年轻人而言，要想凭着自己的能力去赚出几十万的首付，当然是很困难的。为此，很多年轻人买房都需要父母的支持和援助，在付首付之后，他们就有了动力努力挣钱还月供，从而为自己积攒下家产。当然，在还月供有余力的情况下，也要记得把借来的首付还给父母，毕竟那是父母辛苦积攒的养老钱，我们不能对父母索求无度，而要学会感恩父母，并且给予父母更多的关爱和照顾。

对于任何设想来说，一定要真正展开行动，才能产生决断力，才能拥有更强大的力量。在这个世界上，只有在计划的指导下展开的行动，才能让人生有更好的改变，也才能让人的命运获得好的发展。一个真正拥有行动力的人，在行动之前会先为自己制订计划，尽管人们常说计划不如变化快，但是在计划的指导下，人的行动会更有针对性。当事情发生出人意料的改变时，再根据情况随机应变，这样人们就不会因为事情的发展而变得被动。

面对非常庞杂的事情，人们会觉得无从下手，实际上要想真正展开行动，也是有秘诀的，那就是把这些庞大的任务分解成小任务。这样一来，才能从细小处入手，让命运彻底改变，也让人生爆发出行动力，拥有强大的力量。记住，人生尽管道路漫长，却因为一步一步地走过去，从而能够让人们距离成功和理想的生活越来越近。

以勇气破釜沉舟，让人生柳暗花明

面对人生，从来没有人能够得到免费的午餐，也没有人轻而易举、一蹴而就获得成功。在艰难奋斗的过程中，每个人都会遇到各种各样的坎坷和挫折，尤其是当遭遇看似无望的逆境时，我们更是要鼓起勇气背水一战，而不要轻易地放弃。否则，当我们从内心里放弃自己，那么又如何能够战胜人生的逆境，让人生柳暗花明又一村呢！

现实生活中，总有些人始终碌碌无为，平庸无奇，这并非是因为他们的能力不足，也不是因为他们缺乏成功的条件，而是因为他们缺少勇气。尤其是在面对人生巨大的转折或者困境时，他们总是安守生活的本分，不愿意改变生活。这样一来，他们当然无法知道自己内心隐藏了多大的力量，更不知道人生拥有怎样的可能性。实际上，岁月静好固然是对人生美好的渴望，但是这种过于追求安稳的心态，也会让人对人生产生恐惧的心理。很多人恐惧改变，觉得一旦改变，生命就会失去现在的秩序。正如人们常说的，人挪活树挪死，也许把一棵树从这个地方移到那个地方，就会损害树的根系，断送树的生命。但是对于一个人而言，觉得现状无法维持下去时勇敢地改变，也许并不会失去更多，反而会赢得新的生机。

人生任何时候都不要采取观望的态度，因为在不停地观望中，最终会错过生命的好时机，也让生命变得无动于衷。对于每个人来说，只有真正得到自己想要的东西才是最重要的，每个人对人生都有渴望和憧憬，而唯有切实地展开行动，在关键时刻背水一战，才能够让自己距离人生目标越来越近。

很多人因为犹豫不决，在事情发生的时候，总是迟一步，反而耽误解决事情的最佳时机。实际上，每个人在人生中都应该有更好的表现，尤其是在遇到重大的事情时，更是要付出决绝的勇气，这样才能在人生中有更加出色的表现。古人云，置之死地而后生，意思就是说一个人在遭遇糟糕的情况时，与其奢望情况好转，不如想一想最糟糕的情况是什么，这样一来再发生任何的转变，都是朝着好的方向。古往今来，那些成功者都拥有坚决的勇气和决绝的精神，他们哪怕被置之死地也绝不放弃希望，而是能够勇敢地求生。从这个意义上而言，他们实际上是把自己放到人生的最低点，从而彻底激发出自身的力量，也向着人生目标不断地发起冲击。

有心理学家经过研究发现，在危险的情形中，人们反而能够分泌出很多肾上腺素。所谓肾上腺素，就相当于人的勇气，因而能够激发出人的潜能。这样一来，人们也许会爆发出一直隐藏在体内的潜能。例如，曾经有个人被洪水堵在山洞中，等到洪水消逝后，他却发现洞口被一块巨石挡住了。为了求生，他居然仅仅依靠自己的力量就推开了那块巨石，然而等到他再回头去推那块巨石的时候，巨石却纹丝不动。这就是因为在危急的情况下，他的潜能被激发出来。相反，一个人如果总是处于安逸的生活环境中，就很难让自己爆发出巨大的力量，也就无法获得让人惊讶的伟大成就。因此，一个人要想获得成功，就一定要有背水一战的勇气，这样才能破釜沉舟，让人生没有退路，只有勇往直前，才能改变人生的绝境，让人生柳暗花明。

记住，不管在人生中面临怎样的境遇，我们都不要因为恐惧和害怕而缩头缩脑，也不要因此而不愿意真正地展开行动。否则，人生就会因为恐惧而被禁锢，导致我们再也没有出头的日子。对于每个人生而言，唯有坚定勇敢地向着人生的目的地前进，才能够真正创造人生的奇迹。所以在追求成功的道路上，哪怕我们步履维艰、进展艰难，也必须拥有破釜沉舟的勇气，这样人生才会一往无前。正如古人所说的一鼓作气，再而衰，三而竭，人生虽然不是战场，但也需要这样的勇气，也需要这样绝不回头的坚决，才能够获得更大的成功，也才能让人生进入海阔天空的美好境界。

每个人都有无穷无尽的潜力，只有在充满压力的情况下，人们才能挖掘潜力，获得勇气，在人生中取胜。否则，如果不能以行动挑战人生，那么我们就会安然守住平凡的一生。尽管岁月静好，但是却会让人变得平庸。所谓破釜沉舟，实际上就是给自己奋斗的力量增加筹码，就是让自己没有退路，只能一往无前。的确，人都是被逼出来的，包括勇气。在小小的困难面前，人都会产生畏难的情绪，更何况当事情变得很严重且根本没有退路的时候呢？然而，事实却是，在绝境之中，很多人反而能够静下心来，竭尽自己所有的力量去创造人生的奇迹。

关键时刻，大胆尝试至关重要

在生活中，很多人都会面临看似绝境的境遇，他们为此感到悲观绝望，甚至胆怯退缩。实际上，这并不是因为人生真的走入绝境，而是因为人的内心缺乏希望，不够坚定导致的。面对看似绝境的境遇，只要我们能够勇敢地去尝试，就一定能够获得成功。现实生活中，很多人谨小慎微，为了避免失败，宁愿让自己错过成功的机会，也不愿意真正去尝试。殊不知，这样做只会导致人生错过很多千载难逢的好机会，也会让人生不得不面临更糟糕的局面。有些人看起来就是傻大胆，他们是初生牛犊不怕虎，不管面对怎样的困境，都不知道忧愁，还是鼓起勇气勇往直前。这样的人看似鲁莽，却是人生中真正的成功者，也是能够把人生作为理想去坚持和维护的。在困境之中，一定不要把自己当成不知所措的弱小者，否则就会被困境吞没，也会导致人生陷入真正绝望的境地。

唯有切实展开行动，才能起到真正的效果。美国的一位心理学家进行过相关的实验，他把一只饥肠辘辘的猫放入笼子里，又在笼子外面放入美味的食物。猫在进入如同迷宫一般的笼子里时，本能地不断挣扎，希望逃脱困境。在笼子里它不小心触动了机关，如愿以偿地吃到食物。此后，心理学家再次把猫放入迷宫一般的笼子里，这时，猫在笼子里就不像第一次进入时那么不知所措。这样的过程进行了很多次，最终猫完全掌握了笼子的秘密，因而在心理学家刚刚把它放进笼子里之后，就马上找到机关的所在，从而打开笼子得到美味的食物。实际上，这个实验告诉我们，人只有在不断尝试的过程中，才能够避开错误的方式，从而找到解决问题的正确方法。不仅一只饥肠辘辘的猫能够做到，作为万物灵长的人类更是轻而易举就能得到这样的人生体验，达到这样的人生境界。

古往今来，那些伟大的人物之所以能够成功，就是因为他们不断地尝试和努力，哪怕经历数次失败，也绝不放弃。他们为了获得成功坚持不懈。

正如人们常说的，没有一段人生是白白经历的，每一段人生都会让人有所感悟，有所收获。面对生活中的点点滴滴，人们总是可以通过不断尝试，从而获得最佳的结果。在尝试的过程中，我们一步一个脚印地进步，也最终获得成长，从而实现自身的价值。在现实生活中，很多缺乏自信的人总是无限放大困难，而把生活带给他们的幸运和好处都不断地缩小。他们并不是因为能力不足或者缺乏天赋而导致与失败纠缠，实际上真正让他们走向失败的是他们想象中被放大了无数倍的困难，真正让他们与成功失之交臂的也是他们面对如同高山一般的困难产生的胆怯。

真正的人生强者，一定是非常大胆的，他们的心态很积极，因而能够正视人生中的一切困难，并且藐视那些艰难险阻。他们充满自信，坚信自己只要勇敢地去做，就能够获得成功。很多时候，我们之所以担心自己会做错事情，是因为害怕承担错误的责任和结果。从辩证唯物主义的观点来看，任何事情都既有消极的一面，也有积极的一面。在看到事情消极的一面时，我们也应该留意事情积极的一面，并且认识到事情积极的一面对于我们的重要意义。记住，每个人如果能够以积极的心态面对人生，那么最终一定能够创造生命的奇迹，原本看似绝望的事情也能扭转局势，甚至朝着好的方向发展。这对于人生而言是最大的收获，也只有真正具有智慧和勇敢的人才能做到。

面对人生的不如意，也要马上行动

有心理学家经过发研究发现，人们之所以会感到恐惧，实际上是对于很多未知事情表现出来的本能反应。毋庸置疑，每个人都希望自己能够洞察事情的真相，或者掌握不可琢磨的未来，当他们觉得自己的能力有限，而无法真正让人生变得充实时，就会产生深深的恐惧。很多时候，我们无法预知事情最终的结果如何，但是只要敢于展开实际行动，并且用行动去充实生命的每一天，那么人生就会变得充实而又精彩。其实，行动不但使人生变得丰实，摆脱彻底的空想，而且能够帮助人们清除内心的恐惧。在行动的过程中，人们很难有时间去思考未来，也根本无暇寻求心理上的支撑。所以当忙起来的时候，大多数人都没有机会胡思乱想。因此说，只有真正地让自己忙起来，让人生充实起来，我们才能在人生中获得每一个精彩的今天。

面对人生的不如意，或者对人生感到不满意的时候，我们完全无须手足无措。最重要的是让自己马上行动起来，不管你的做法最终会带来怎样的结果，只要不是负面的糟糕结果，你就可以先行去做。在这种情况下，你才能让自己的内心充实，让自己的精神更加强大，也才能够拥有真正成功的人生。

人到老年，玛丽觉得人生简直不堪回首。自从丈夫突然离世之后，她还没有从丈夫去世的痛苦中回过神来，子女们就因为争夺遗产的事情闹上法庭。因为子女疏于管理丈夫生前留下的公司，只顾着争夺遗产，所以导致丈夫倾注了一生心血的公司关门大吉。为了偿还公司破产导致的巨额债务，玛丽不得被变卖所有值钱的东西和房产，她不知道自己活着还有什么意义，也不知道自己如何面对接下来的人生。渐渐地，玛丽患上严重的抑郁症，经常想结束生命让自己获得解脱。有的时候，玛丽也想去寻找一份工作，自己养活自己，然而她又感到很害怕，因为毕竟她已经60岁了，又有哪家公司愿意雇用一个60岁的老人呢？

思来想去，玛丽也没有想到解决问题的办法，而是终日坐在家里郁郁寡欢，始终没有展开行动。这导致她的抑郁症更加严重，自杀的念头每天数十次冒出来，使她情不自禁想要结束自己的生命。无奈之下，她只得先向医生求助。在了解了她的情况之后，医生开出了一个非常特别的药方，那就是让她在医院打零工，为自己赚取药费。玛丽不由得感到很为难，她自卑地说："我已经这么老了，还能做什么呢？我不知道自己还能创造什么价值。"医生说："你可以帮助病人打扫房间。如果病人觉得你的劳动非常有价值，说不定你的工资还能不断增长呢。"一开始，玛丽觉得很尴尬，因为她在丈夫生前过着非常优越的生活，如今却要每天为病人们打扫卫生，就像一个真正的保姆一样。

然而，当玛丽真的拿起抹布，开始做一些力所能及的事情时，她越来越接受自己如今的生活状态，她感受到自己真的已经找到人生的价值，甚至觉得人生再次充满了希望。在与抑郁症做斗争之后，她甚至变得生机盎然，又因为总是接触病人，她还常常与病人交流，以自己的人生经历来安慰病人。渐渐地，玛丽变成医院里最不可或缺的一个。5年之后，医院聘请玛丽为心理顾问，专门为那些身患重疾、内心郁寡欢的病人做心理工作。

从玛丽的人生经历中，我们可以发现每个人都无须透支人生的焦虑和痛苦，而对于已经发生的一切，每个人都只能接受，并且要勇敢面对。对于不断向前推进的人生而言，最重要的是学会遗忘，才能够让人生彻底放空，变得更轻松，也才能最大限度减轻那些糟糕的事情对人生产生的负面和消极影响。对于每个人而言，人生都只有三天，那就是昨天、今天和明天。昨天已经成为过去，今天正在我们的把握之中，如果我们为了昨天已经发生的一切而痛苦不堪，那么就会错失今天可以把握的一切。这么做直接导致的结果，就是我们甚至无法掌控明天。所以不管是昨天还是明天，都不值得我们沉迷其中。我们唯有让自己采取实际行动，置身于每一个人生的美妙瞬间，才能够在人生中收获更多幸福快乐，也才能让人生充满正能量。

记住，人生从来不会让我们感到万般如意，对于每个人而言，唯有接受人生的不如意，从容迈过人生的坎坷和磨难，才能在人生中有更好的收获。面对人生的磨难，与其怨声载道，还不如当机立断，让自己勇敢地去做，这样人生才会有更好的发展。

第9章

自我肯定，才能挖掘出人生最大的宝藏

一个人如果自己都不相信自己，那么还有什么资格和权利要求别人相信自己呢？所以对于任何人而言，最重要的是自我肯定，从而挖掘人生最大的宝藏——潜能。记住，唯有以自信激发出自身的所有力量，人生才会变得截然不同。

相信自己，肯定自己

一个人对自己最大的肯定就是拥有强烈的自信，相信自己有能力处理好很多事情，也相信自己一定能够完成某些任务或者工作。举世闻名的斯坦福大学，每当新生开学的时候，都会给新生上一堂特殊的课，那就是让学生们拥有自信，从而让每个学生的内心都变得坚韧不拔，无论面对怎样的困境都不忘初心，想方设法地完成任务。从某种角度而言，所谓的自信就是促使人们完成人生目标的伟大力量，这种力量是肯定自己的信心，也是每个人建筑人生的材料。如果缺乏这种力量，人生就会如同一盘散沙，变得疲软无力。尤其是现代社会竞争这么激烈，人们更应该拥有强大的力量，才能够从容应对人生中出现的各种情况。

巴浦洛夫是诺贝尔生理学奖的获得者，他在对人进行研究之后发现，一个人如果拥有自信，就会暗示自己、相信自己，从而让自己拥有成功的信念，也做出走向成功的实际行动。对于自信的人而言，无论人生遭遇多少坎坷和挫折，唯一的信念就是绝不放弃，坚持不懈。唯有如此，他们才能在人生中有所建树。从巴浦洛夫的研究成果，我们不难看出对于任何人而言，自信都是不可或缺的力量，也是让人勇往直前的动力。

正所谓人生不如意十之八九，现实生活中，没有人会完全得到命运的青睐，不管做什么事情都一帆风顺。正如人们常说的，理想是丰满的，现实是骨感的，大多数人在面对人生时总是不能如意，所以他们在人生的困境中就犹如困兽一样，最终可能被老旧的思想禁锢。因而，我们唯有更加相信自己，才能够以不变应付外界的各种变化，也才能以静制动，让自己从人生中得到更多的从容力量。

喜欢外国文学的朋友都知道法国有个大仲马，还有个小仲马。看到这样的名字，大家一定会觉得奇怪：为何一个叫大仲马，一个叫小仲马呢？实际上，很多人都知道大仲马，而对于小仲马并不很了解。直到小仲马写出了著名的《茶花女》，才走入众人的视野，得到大家的了解和认可。

小仲马和大仲马之间有很深的渊源，小仲马是大仲马的儿子。对于拥有文学梦想的小仲马而言，既然父亲是文坛上大名鼎鼎的文豪，那么他当然可以借助父亲的力量让自己更顺利地获得成功。但是小仲马并没有这么做，因为他从来不想依靠父亲的名气推销自己。为了不让人知道自己是大仲马的儿子，他还故意为自己起了一个与大仲马没有丝毫联系的笔名。当把自己呕心沥血创作的小说《茶花女》寄给出版社之后，小仲马就一直期待得到积极的回应，这篇作品果然让整个世界的文坛都为之震惊。

现代社会，很多人都想借助各种人际关系走向成功，而小仲马明明可以靠父亲的名气推荐自己却从来不这么做，反而隐藏真实身份，以真正的实力作品《茶花女》将自己推向文坛。由此可见，小仲马真的是一个非常自信的人，而且他从来不想借助外力，只想凭借自己的实力去兑现对人生的渴望和憧憬。

成功虽然有捷径，但是一蹴而就获得的成功却是纸老虎不堪一击，真正的成功是真金白银铸就的，我们必须努力让自己越来越接近目标，不断地提升和完善自己，才能获得成功的先决条件。至于每个人的先天条件，从本质上而言都是各不相同的。每个人的能力总是有高有低、有大有小，然而任何人要想获得成功，就一定要拥有坚定不移的信心，才能不断地靠近成功，也才能给予人生最坚强有力的保障。正所谓尺有所短，寸有所长，每个人都有自身的优势和劣势所在，我们既无须盲目模仿他人的成功，也不要妄自菲薄，对于他人走不通的道路，我们也许会走得非常平顺，但是对于他人的辉煌道路，我们却未必能够得到和他人一样的结果。从这个角度而言，与其盲目地模仿他人，不如最大限度地挖掘自身的潜力，客观公正地认识自己，从而扬长避短、取长补短，最终发挥出自身的优势和特长，创造充实的人生。

让人生的字典里没有“不可能”

在人类真正走入太空在月亮上漫步之前，每次提起《嫦娥奔月》这个神话故事，别说是中国人，就算整个世界的人都觉得这一定是痴人说梦。然而当人类真正踏上月球，并且带回月球上的泥土，《嫦娥奔月》的梦想就这样成为现实，也让整个人类在宇宙中前进了一大步。很久以前，面对浩瀚的大海，人们觉得自己非常渺小，甚至不敢想象自己有朝一日能够在大海中自由地游动或者穿行，直到世界上诞生了巨轮，人们才相信原来人类的力量这么伟大，不但可以征服同类，也可以征服大海。

很多年之前，别说是世界，就算是中国，也大到让人无法用脚步去丈量。然而在拥有各种各样便利的交通工具之后，人们只需要十几个小时就能从地球的这端到达地球的另一端。尤其是网络的流行，更是让整个地球变成一个不起眼的小村落，甚至让人类与太空之间也产生了联系。总而言之，在生命不断前进的过程中，一切不可能都变成可能，都有了真正实现的机会，所以说生命的本质就是一个奇迹，每个人都是这个世界上充满力量的存在。只要用心地面对人生，从不以消极心态面对需要解决的问题，我们就能够借助生命的平台创造人生的奇迹。

对于怯懦者而言，这个世界上有太多的不可能；对于真正的勇敢者而言，一切的不可能都是创造奇迹的好机会，都能够转化为可能，也能够为我们的人生添加光彩。要知道，一味地计较自己付出了多少、得到了多少，并不能让人得到幸福快乐，唯有真正地不畏惧困难，我们才能够把工作完成得恰到好处。实际上，现实生活中有很多人之所以把自己限定在特定的高度，或者是一定的圈子里，就是因为他们把自己逼入绝境。在人生真正得到希望的时候，实际上也伴随着一定程度的绝望，而人在面临绝境的时候，其实希望已经隐藏在绝境之后偷偷地到来。所以，不管面对人生怎样的境遇，我们都应该怀着一颗积极的心，也应该在人生中拥有更加理想的表现。

人生中没有任何事情是不可能的，对于真正的人生强者来说，必须把“不可能”三个字从人生的字典里去除。一个人唯有满怀信心，让生命爆发出激情与活力，才能够让人生拥有更好的未来。

1485年6月，哥伦布提出了一个让所有人都震惊的计划，那就是以航海的方式围绕地球转一圈。他相信，只要航行达到一定的距离，他就能到达真正的东方。当然，这样前所未有的航行需要大量资金，为此他四处游说当地的贵族，甚至请求国王出资支持他。在听说哥伦布的奇思妙想之后，很多人都坚决反对，因为他们认为哥伦布根本不可能实现这么荒谬的设想。但是哥伦布却始终坚持梦想，坚信自己只要一路向东，就能够到达地球的东方。

看到哥伦布这么坚定自己的想法，很多西班牙人都妥协了，这并非是因为他们觉得无须反对哥伦布，而是因为他们认为哥伦布只要一路向西航行，走不了多远，就会被大海彻底淹没。所以他们认为哥伦布根本走不出大海，更不可能到达遥远的东方。为此，他们把哥伦布的设想当成一个笑话，根本不放在心上。没过多久，哥伦布首航成功。有了首航成功的经验之后，哥伦布对于自己到达东方的设想更加信心满满，为此他开始筹计划第二次航行。然而哥伦布的第二次航行却遭到人们更强烈的反对，甚至有人想通过暗杀的方式打消哥伦布继续航行的念头。最终，哥伦布排除万难，到达了美丽富饶的东方，也发现了地球上的新大陆。不得不说，哥伦布创造了人生的奇迹，而这个奇迹并非来自那些字典里的“不可能”。正是因为他坚信人生没有不可能做到的事情，所以他才能够创造伟大而又神奇的人生。

每个人的人生之路都是漫长而又曲折的，极少有人生之路是平顺的。大多数人，在人生之中都要经历艰难坎坷，也会遭遇无法摆脱的困境，甚至还会遇到看似令人绝望和窒息的窘境。但是不管在人生中面对怎样的境遇，我们都应该更加勇敢地面对自己，而不要总是觉得自己不管做什么事情都不可能实现。我们首先否定了自己，又如何能够在人生中有好的发展呢？实际上，每个人都唯有对人生满怀信心，才能够拥有更美好的未来。

发展自己的核心竞争力

了解木桶理论的人都知道，决定木桶容量的关键因素并不是木桶最长的那块板，而是木桶最短的那块板。因为哪怕木桶的长板很长，如果短板很短，那么在容纳水的时候，水就会从短板中倾泻而出，导致木桶的水永远也不会超过短板的高度。正是因为这个理论的影响，很多人都主张在人生中应该更多地弥补自身的不足，消除限制自身发展的弱势因素，从而才能让自己得到长足的发展。当然，这么说并非全无道理，却有些偏颇。如果一个人在某个方面注定是短板，那么一味地弥补短板，必然会花费人生更多的时间和精力，导致没有多余的时间和精力去发挥人生的优势与长处，更会给人生带来致命的伤害。

从本质上而言，这个世界上没有人是完美的，有人说每个人都是被上帝咬过一口的苹果，这句话很有道理。因为人人都有自己的弱点或者是短板，但是没有人因为自己的弱点而与成功绝缘。要想获得成功，最重要的在于发挥自身的优势，就像一位画家即使唱歌很难听，甚至是公鸭嗓子、五音不全，这些对于他画出优美意境的画作都毫无影响。同样，对于一个歌唱家来说，画画再差或者数学方面一塌糊涂，连简单的计算也做不好，又有什么关系呢？所谓人无完人，注定了每个人不可能在各个方面都有最好的发展，在这种情况下，我们唯有变得更加优秀和出色，才能让人生有美好的未来。

一个人要想获得成功，一定要发挥自身的优势，这样才能够让优势成就核心竞争力，从而在激烈的职场竞争或者是压力巨大的现代社会生活中占据一定的制高点。否则，如果把所有的时间和精力都用于弥补短板，那么就必然会为此消耗大量的时间和精力，最终短板虽然得以弥补，却并不能成为人生的核心竞争力，这也直接导致人们在竞争中没有长处，因而处于弱势的地位。所以真正的明智者绝不会一味地弥补短板，而会给予人生更多的机会，让自己拥有更强大的优势，这样才能够在人生的竞争中脱颖而出，也才能让自己变得与众不同。

高考时，小平以一分之差与自己所爱的大学失之交臂，不得不进入一所二本学校读书。面对这样的结果，小平显然不满意，她觉得以自己的能力应该会上更好的学校，但是她又不愿意复读，为此只能勉为其难、眼含泪水去那所二本学校报到。小平在学校学习了一段时间以后，发现自己并不喜欢之前选择的第二外语——法语。经过谨慎的思考，她决定改学习韩语。实际上，很多人都把英语作为主攻方向，而把法语等语言作为第二外语，而小平之所以选择韩语，是因为她非常喜欢看韩剧，也梦想着有朝一日能够去韩国旅游，看看自己喜欢的韩国明星。为此，小平义无反顾地选择学习韩语，哪怕家里人都很反对，她也绝不退缩和改变自己的想法。

大学毕业后，小平找工作时遭遇了很多波折，毕竟韩语不是那么受欢迎，她又对英语不很擅长。足足过了四个月，小平才找到一家在韩国有贸易的公司，原本这家公司招聘的要求很高，但是因为他们要求应聘者必须非常熟练地说韩语，所以很多人虽然硬性条件都符合公司的要求，却在韩语方面处于弱势。小平则不同，尽管她毕业于普通大学，而且学历也只是普通的本科，但是她却精通韩语。就这样，小平在众多的应聘者中脱颖而出，一口流利的韩语博得了面试官的认可和欣赏。

在公司工作了一段时间之后，小平暂时被派到韩国工作。在韩国工作让小平很开心，而且她还有很高的出差补贴。在韩国工作几年之后，小平回到国内的公司更得到了晋升。原本，韩语是冷门的外语，小平却以自己的优势去对比他人的劣势，从而在激烈的竞争中脱颖而出，也为自己争取到更好的工作机会。

做人既不要妄自尊大，也不要妄自菲薄，每个人都应该客观认识和评价自己，认识到自身既有优点也有缺点，从而才能扬长避短、取长补短。一味地弥补自身的弱势并不是明智的选择，与其浪费那么多时间和精力弥补弱势，还不如将更多的时间和精力用来发挥自身的优势，从而让自己在工作中脱颖而出，有更好的发展。当然，如果弱势已经限制了我们自身的发展，那么就必然要弥补弱势，如果弱势并不曾影响自身的发展，那么我们就可以全心全意地把优势变成核心竞争力。所谓核心竞争力，就是自身能力和水平的集中体现。这种竞争力应该表现出专业能力和素养，也应该让一个真正的人才区别于他人，拥有自身最鲜明和有力的标签。举个最简单的例子，对于一个讲师来说，所谓的核心竞争力，并不是茶壶里煮饺子倒不出来，而是既要有文化知识与专业特长，也要有传授的能力，从而才能把自己所知道的一切都教授给学生。当一个讲师肚子里有货，而且能够竹筒倒豆子般倒出来，都教给学生时，他才能够成为真正的优秀讲师。

生活中很多人都非常普通，他们不但无法认识到自身的价值，而且总是将自身的缺点无限放大。为此，他们内心越来越恐惧，在面对很多好机会的时候，也因为瞻前顾后而最终错过。一个人想要获得成功，就一定要不断地认知自己，从而发扬自身的优势，避开自身的劣势，最终让自己在最擅长的领域做出杰出的成就。这样的核心竞争力必然让人生长出翅膀，从而在海阔天空中自由翱翔。

无能的人才说“没有办法”

现实生活中，很多人都觉得自己能力有限，做不到一些事情，因而他们总是以没有办法作为借口和托词。每当无法做到某些事情时，他们就会对自己说这句话，也会用这句话来堵塞别人的嘴巴，避免别人对他们妄加评论。实际上，没有办法说起来轻飘飘，导致的结果却很严重，尤其是在遇到重要的事情时，没有办法会使人绝望。在人生的道路上，很多人都因为担忧和害怕不敢阔步向前，他们小步小步地尝试，总觉得自己是人生的失败者。为了避免失败的厄运，他们选择故步自封。实际上，很多事情看似是人生的绝境，却蕴含着无限生机，但是如果当事人以没有办法为借口把自己逼入生活的死角，那么就再无反转的可能。曾经有人说过，如果你真的不想去做一件事情，那么一定可以找出一万个理由。同样，如果你真正想把一件事情做成功，也可以找出无数种方式与方法，从而让人生拥有更大的可能性。由此可见，没有办法真的是一句苍白无力的话，对于逃避的人而言它是保护伞，对于真正的人生强者而言，它是一种耻辱和胆怯的表现。所以永远不要把没有办法作为人生的借口，只有坚定不移地勇敢向前，我们才能在人生之中拥有更多，也收获更多。

曾经有人说，理想是丰满的，现实是骨感的，这是因为人们总是习惯于怀着远大的梦想和志向，面对卑微的人生。当感觉到现实不如意的时候，或者觉得自己距离梦想中的生活越来越远的时候，我们就会以没有时间或者太过忙碌为借口让自己坦然逃避。殊不知，当人生在这样一次又一次的搪塞之中悄然远去，我们距离人生的理想就会更加遥远，也就无法真正拥有成功。当一个人习惯以没有办法为借口去逃避，那么在人生中遭遇困境的时候，他们就会不停地抱怨，牢骚满腹。我们明明知道自己能力欠缺，内心平庸，却又没有办法为自己开脱罪责，导致面对人生的绝境时总是一味地沉沦下去。实际上，世界上并没有真正的绝境，假如我们能够认真地冷静下来，分析自己的来路和去路，也激励自己为了人生美好的未来而拼尽全力去奋斗，那么就能够真正地找到办法。有人说时间是这个世界上最公平的东西，对于每个人都非常公平。这就注定我们无法改变人生的长度，既然如此，完全可以左右和控制人生的宽度。就像一个长方形，如果我们无法确定它的长，那么就要尽量延长它的宽，这样才能使它覆盖的面积更广。所以不管面对怎样糟糕的结果，我们都不应该寻找借口为自己开脱，唯有勇敢地承担起生命的责任，才能够让自己不断进步，也才能让内心保持平衡。否则，当我们给自己太多的保护伞，给自己太多的开脱和借口，那么必然在行动上越来越懈怠，最终让人生碌碌无为，非常平庸，不可能有任何起色。

常言道，失败者总是为人生寻找很多借口和理由，而成功者哪怕面对人生的绝境，也会积极地寻求解决问题的办法。所以当我们作为一个普通而又平凡的人想要获得成功的时候，就一定要断绝自己的退路，不给自己任何借口与理由。不管做什么事情，我们都要告诉自己人生的道路只有向前这一个方向，唯有不断地向前，我们才能距离人生的成功越来越近，也才能让自己在精神上真正变得强大起来。

作为美国的前副总统，威尔逊并没有显赫的家世。相反，他出身于平民家庭，当还在襁褓中的时候，他的家庭穷困潦倒，没有任何可以用来支撑生活的资本。为了帮助父母养家糊口，威尔逊小小年纪就离家四处打工，他从10~21岁始终在一家店铺里当学徒工，每天起早贪黑，做着最琐碎和繁重的工作。在整整一年的时间里，他只能抽出一个月的时间去学校里读书学习，接受教育。不得不说，和很多有钱人家的孩子相比，威尔逊的童年简直太糟糕了。

人们简直难以想象在经历了11年的工作之后，威尔逊的报酬少得可怜。他只得到了6只绵羊还有一头小牛。威尔逊拿着这些东西去集市上换取了84美元，他很清楚这些钱是用自己11年的生命光阴换来的，所以他把84美元看得很重。等到21岁之后，威尔逊就进入一家工厂工作。在此期间，威尔逊抓住各种各样的机会，读了上千本书，从而弥补自己不能接受学校中系统教育的缺失。要知道，对于一个在农场中从事繁重劳动的孩子而言，这当然是难得可贵的。后来，威尔逊渐渐地意识到人生不能继续这样下去，为此他去学习做鞋的工艺，帮助自己提升生存的技能。后来，威尔逊还成为伐木工人，带着很多工人四处伐木，过着颠沛流离的生活。正是因为一直生活在困苦的环境中，让威尔逊痛下决心一定要改变命运。他总是争分夺秒地生活和学习，他很清楚要想让人生逆袭，就只能借助学习。直到12年之后，他才在美国的政坛上出类拔萃、崭露头角，从此之后，开始了辉煌灿烂的一生。

与威尔逊相比，我们能说没有时间或者没有办法学习吗？威尔逊在那么艰难的环境中依然坚持学习，在还不明白学习含义时就意识到学习的重要性，对学习坚持不懈，那么生活在和平年代的我们呢？面对父母或者是师长为我们提供的各种便利的学习条件，我们有什么理由自暴自弃呢？

人生中，不管面对怎样的困境，我们都要停止抱怨，因为抱怨不但于事无补，还会导致各种严重的后果。如果我们能够保持理智和冷静，深入分析问题，并且牢记自己的梦想和理想，那么就能够争分夺秒，最终创造更大的成就，拥有更美好的未来。

记住，你是自己的上帝

在西方国家，人们把上帝当成无所不能的神，不管有什么为难的事情，都习惯于向上帝祈祷。在他们的心目中，上帝是一切力量的源泉，也是他们内心唯一的精神寄托。实际上，这个世界上并不真的存在上帝，对于每个人而言，真正的上帝就是自己。这是因为每个人都掌握着自己的命运，也主宰着自己的人生。对于任何人来说，真正的富有是拥有命运的决定权，也能够竭尽所能改变人生轨迹。从这个角度而言，每个人在这个世界上都是非常富足的，因为每个人都可以决定自己的内心。既然如此，在面对人生的困境时，我们还有什么理由抱怨上帝呢？哪怕是在不信奉上帝的东方国家，我们也应该坦然接受命运的赐予，而不要抱怨命运总是偏爱其他人，却给我们太多的磨难。如果说在西方国家，每个人都是自己的上帝，那么在东方国家，每个人都是自己的命运之神。人生在世，只要活一天，就一定要怀着一颗感恩的心，珍惜自己所拥有的一切，也热爱自己所拥有的一切，这样才能利用各种有利的条件去改变命运，实现人生的梦想。

尤其是在现代职场上，很多人都对现状感到不满意，殊不知，只有爱自己所从事的工作，也就是干一行爱一行，才能够激发出心底的热情，从而在生命中创造奇迹。否则，如果我们只是一味地努力，却怀着一颗极不情愿的心，也不懂得感恩和知足，那么又如何能够得到命运的馈赠呢？只有意识到每个人都是自己的上帝，都是自己无所不能的神，我们才能够迸发出生命的无限潜能，创造人生中最美丽绚烂的风景。

遗憾的是，依然有很多人对命运感到不知足，他们或者抱怨贫穷，或者抱怨没有得到命运的青睐，或者哀叹没有生在官二代或者富二代的家庭中。导致必须付出加倍的努力，也未必能够得到其他人一出生的起点。总而言之，一个抱怨的人怀着一颗抱怨的心，总是能够从生活中鸡蛋里挑骨头，导致对人生有太多不满。这种情况下，如果总是远离人生的快乐，又如何能够在人生中得到回报呢？如果想避免事情陷入恶性的循环和发展之中，我们就更应该让人生变得充实而又精彩。

贪婪的心就像是无底洞，对人生充满抱怨，有贪婪之心的人没有感恩之心，不知道感恩父母，更不知道是父母赐予了他们生命；不知道感恩阳光，也不知道唯有拥有阳光才能感受到温暖；不知道感恩雨露，忽视了雨露作为人生的生命源泉，给予万事万物成长的滋润。面对这样糟糕的情况，我们唯有改变心态，对整个世界都充满感恩，才会让自己变成这个世界上最富有的人，也会拥有最珍贵的人生宝藏。

与其花费宝贵的时间去抱怨，还不如集中所有的精力努力改变自己。一个人只有不断地成长，才能在人生中拥有美好的未来，否则当人生止步不前，如同逆水行舟，一定不断地倒退，再也无法取得任何进步。

第10章

很多人的恐惧，都来自人生的未知

一个人知道人生中接下来将会发生什么，那么他尽管感到恐惧，却能够控制自己的恐惧，而不会让自己失控。相比起这样的情况，很多人之所以变得歇斯底里，就是因为被恐惧胁迫，导致内心崩溃。这样深度的恐惧到底来自哪里呢？实际上，是因为他们对人生的未知。从心理学的角度而言，一个人最害怕的不是即将发生什么，而是不知道未来会面对怎样的情形。要想真正地消除内心的恐惧，我们就要调整好自身的心理状态，接纳生命中的每一件事情，也坦然面对现在还未知的一切，从而让自己怀着积极乐观的心态，从容地面对人生。

做最坏的打算，其他的都是好情况

面对人生，很多人都蠢蠢欲动，但是却又犹豫不决，不敢果断地采取行动。他们为何在真正要开始行动的时候却又退缩呢？难道是因为他们的胆小怯懦吗？难道是因为他们不知道接下去如何才能走好人生之路吗？实际上，并不是因为这些表面上的原因，而是因为他们害怕成功，更害怕在通往成功的道路上遭遇和承受的一切。一想到失败，他们就会觉得心惊胆战。他们无法承受失败的严重后果，也不想因为失败而遭到他人的嘲笑和质疑。对于他们而言，要想对人生有坚定不移的态度，就要调整好自己的心态。所以，要想让自己的内心坦然从容，我们就必须做好最坏的打算，这样才能看到事情不断地好转。

对于人生而言，唯有接受最糟糕的结果，才能从容地面对命运赐予的一切，才敢于让自己放开手脚，勇敢地去拼搏。对于人生中那些变幻莫测的事件，我们一定要保持内心的平静和稳定，这样才能够戒骄戒躁，让自己始终保持理智，也给予人生最正确的选择。否则，当我们自乱阵脚，或者因为情绪的失控而变得歇斯底里，那么就会在瞬间智商降低，根本不可能做出最好的选择和决定。

对于做最坏的打算，很多人都有不同的理解，有些人觉得只有心态消极的人才会把事情想到最极端恶劣的情况。实际上，从心理学的角度而言，做最坏的打算并不是恐惧最糟糕的结果出现，而是对人生的防守，也是对人生最坚决的准备。只有做出最坏的打算，我们才能够在心里筑起一道防御墙，也才能够让自己有一颗坚强的心。要知道，一个人不管生存环境多么艰难，都不会轻易地选择结束生命，但是既然活着，就要活出生命的更高质量。人生不如意十之八九，每个人在生命之中都会遇到各种各样的危机和磨难，都会遭遇坎坷和逆境，唯有遵从自己的内心，才能够最大限度打开人生的局面，也让人生拥有出人意料的惊喜和发展。从恐惧的角度而言，唯有接受最糟糕的情况，一个人才能避免承受更大的损失，因为已经做好了最坏的打算，所以当然能够破釜沉舟，背水一战，使出自己浑身的力气，让自己勇敢地面对和接纳人生。

作为大学毕业10年的年轻人，小华虽然才三十出头，却年轻有为，已经拥有自己的企业。在十里八乡，没有人不知道小华是个钻石王老五的。然而，面对小华今日的成功，却很少有人知道小华曾经遭遇人生的困境，并且在大学毕业寻找工作的时候接连碰壁。实际上，他是因为实在找不到让自己满意的工作，才无奈地开始创业。

毫无疑问，创业的路本来就艰辛，对于一个年轻人而言，能够坚持下来则更是显得不容易。为此，很多人都询问小华为何能有今日的成就，小华告诉他们："我之所以能够拥有今日的成就，因为我在曾经的每一天都告诉自己'你很有可能在今天失去一切，你真的能够从容应对吗'。每当问起自己这个问题，我都会保持理智，冷静地思考。我告诉自己，如果自己一旦失败，就会承受多少债务，甚至因此而妻离子散，家破人亡，正是在这样的情况下，我才能够决绝地做出更勇敢的决定，因为我知道哪怕发生最糟糕的情况，我也能够坦然承受。明白这一点之后，我才能始终保持一颗充满自信的心，在人生的道路上勇往直前。"

毋庸置疑，每个人对于人生的恐惧并不是因为害怕接下来要发生什么，而是因为不知道接下来的人生会发生怎样的改变。每个人唯有做好最坏的打算，才能在心里建立防守线，也才能接受最糟糕的结果。当我们想清楚最坏的结果，就能够把所有的精力都集中在眼下的事情上，这样一来，反而能够排除万难，摒弃私心杂念，从而集中力量应对人生最关键的问题所在。反之，如果我们因为害怕而总是犹豫不决，不敢在人生的道路上做出决定，也不敢冒着危险在人生的道路上奋勇向前，那么就会遭遇人生的困境，甚至把自己困于内心的囚牢之中。可想而知，这样的人生必然是失败的。

很多忧虑都毫无意义

为了验证人生的忧虑是否真的会发生，有心理学家做过一个特殊的实验。他让众多实验对象把自己所担心和忧虑的事情写在一张纸上，然后把这张纸交给他。心理学家把这些写满了忧虑的纸保存得很好。在经过一段时间之后，他把这些纸拿出来，并且召集了所有的实验对象，将这些曾经的忧虑分发给他们。实验对象在看了这些忧虑之后不由得哑然失笑，只有极少数的实验对象所担心的事情真的发生了，而大多数的实验对象所担忧的事情非但没有发生，而且根本没有任何发生的迹象和可能性。在这种情况下，心理学家得出结论，那就是人们所担心的事情基本上不会发生，这也就意味着很多人的忧虑和担心都是多余的。对于人生很多充满恐怖的想象，其实都是人们在没有任何理由和根据的情况下自己臆想与捏造出来的，不得不说这些想象都是超越现实情况的，也会让人对生活充满恐惧与惊惧。甚至还有些内心脆弱的人会因为这些毫无根据的假象，让自己深陷恐惧之中，哪怕再怎么挣扎也无法从中脱身。

遗憾的是，现实生活中有很多人正在陷入毫无意义的忧虑之中，他们对人生有太多的不满，或者抱怨自己身高不够高，或者担心自己在婚姻中会走上歧途，又或者害怕自己的身体出现各种各样的毛病。最终，他们的忧虑非但没有解决问题或者避免问题的出现，反而真的出现他们所担心的情况，这就是举轨因而疑神疑鬼，不但把对方当成贼一样去防范，也把对方当成犯人一样去审问。这样一来，对方原本没有出轨的心，如今却在婚姻中遭受这样不公正的待遇，最终对婚姻心灰意冷，真的出轨了。不得不说，这就是墨菲定律告诉我们的真理，也告诉我们与其去忧虑一些事情，还不如放松自己的心情，也给他人一个更好的相处环境。

人的心都是一片原野，上面会长庄稼，也会长满杂草。如果要让这片原野长满庄稼，那么就要更好地耕耘，把庄稼的种子种在原野里，否则如果总是让这片原野荒芜下去，那么野草一定会肆意生长，使得庄稼根本没有生长的余地。

对于每个人而言，真正的恐惧实际上源于内心，而不是来源于外界。与其一味地怀疑和否定自己，不如更多地肯定自己。并且给予自己积极的暗示，这样才能够拥有更好的未来，也才能够让内心更加强大起来。人生需要正能量，任何事情在没有真正发生之前，一切的担心并不能改变事情发生和发展的轨迹，唯有给予事情积极的推动力，才能让事情得到更好的发展。

马上行动才能驱散恐惧

不管人生面临怎样的伤痛，能够当机立断做出行动就是最好的方式，因为行动能够消除我们内心的恐惧和犹豫。否则，思来想去，她想起了从小以来的梦想，那就是拥有一家书屋。在这个书屋里，既有满室的书香，也有咖啡的香气，每个爱书的人，既可以买书，也可以坐在旁边的桌子上喝一杯浓香的咖啡，静静地看书，还可以在书店里随处可见的坐垫上席地而坐，以自己最舒服的姿势看书。

小丽想到就要去做，她当即把想法告诉了丈夫，但是丈夫并没有给予小丽的梦想以理解和支持，丈夫当即表示反对。丈夫对小丽说：“你与其投入巨大的资本去开一家书店，还不如像现在这样每天接送孩子，反正我的薪水足够养活你们娘俩，这样至少不会赔钱。你不知道，如今的生意不好做，一旦书店生意落败，肯定会赔得很多。尤其是现在网络上卖书的生意很火爆，不管是京东还是当当，价格都比实体书店低得多，而且能够送货上门。现代社会生活节奏这么快、工作压力那么大，你觉得谁还有闲情逸致去捧着一本书静静地看呢？”听到丈夫的说法，小丽觉得非常沮丧，因为这是她一直以来的人生梦想。她觉得自己为这个家庭付出了好几年的青春时光，也该为了人生理想去努力奋斗一把。

虽然没有得到丈夫的全力支持，但是小丽却坚持自己的想法。她拿出结婚之前积攒的私房钱，开始四处寻找合适的店面。然而，在经过一番预算之后，小丽觉得私房钱根本不够支撑起开店，为此她只能再次向丈夫求救。这次，小丽的态度很鲜明。虽然丈夫不赞同小丽开书店的想法，但还是给予了小丽大力的经济支持。经历半年的准备，小丽的书店终于开业了。

书店开业之后生意非常清冷，小丽感到很失落。

一个偶然的机会，她和同学讨论如何经营好书店，同学提出了一个很好的主意。毋庸置疑，这个主意能够吸引很多人的眼球，但是小丽却很担心营销的成果。为此，小丽总是忧心忡忡、犹豫不定，不知道是否应该继续投入大笔的金钱，从而为书店起死回生殊死一搏。经历了几天的痛苦思考，小丽还是没有能够做出果断的决定，看到小丽如此心神不宁的样子，丈夫了解了原因，因而问小丽："你愿意现在就放弃书店吗？"小丽坚定不移地摇摇头，丈夫说："那从现在开始就勇敢地去做吧，只有在做的过程中，你才会知道自己做完之后能够得到怎样的结果。否则，你就会错过此时应该把握的好机会。"小丽感到很惊讶，因为丈夫曾经不支持她开书店，现在却对她大力支持，这到底是为什么呢？丈夫似乎看穿了小丽的心思，因而当即安慰小丽："我并不是不支持你，只是觉得要做一件事，就要把它做好！"就这样，在丈夫的支持下，在同学的建议下，小丽为了书店的宣传又投入了大笔的资金。最终，书店的反馈居然很好，小丽悬着的心这才放下。原来，很多事情只有真正去做了，才知道结果如何。

在这个事例中，假如小丽一直拖延下去，显而易见，她的内心根本无法获得平静。因为原本丈夫就不支持她开书店，现在书店的生意又这么冷清，她不但担心书店无法支撑下去，也担心遭到丈夫的埋怨。真正去做之后，她的心反而安定下来，意识到既然要做一件事情，就要全力以赴，所以她当机立断开始行动，也彻底戒除拖延，这样一来，恐惧自然也就无法再影响她。

越是面对恐惧，我们越不应该畏缩不前，相反，真正的智者在面对恐惧的时候，会马上展开行动，从而卓有成效地驱散恐惧。记住。恐惧从来不是来自外界，而是来自我们的内心。当内心充满了力量和信心，恐惧就会不战而降。

安逸舒适最终让你碌碌无为

人都有趋利避害的本能，每个人都希望生活安逸无忧，而害怕生活动荡不安。在这种情况下，每当外界有任何风吹草动，他们都会心惊胆战，因而感到深深的恐惧。实际上，他们更喜欢躲在毫无压力的生活环境中，安逸舒适地度过人生。尽管这种做法对于很多人生的强者而言，是埋没人生的表现，因为一个人唯有把自己置之死地，才能证明自己的能力，也才能让自己更加从容坦荡。

作为人生真正的强者，一定要跳出舒适区，勇敢地迎接人生的风雨和大浪，这样才能在人生中有更好的表现。毋庸置疑，每个人在人生中都要有规划与目标，与其在人生中不断地沉迷，不如摆脱胆怯的个性，从而才能挣脱内心的束缚，让人生更加勇往直前。要想真正改变人生，我们就必须努力去尝试，这样才能彻底摆脱庸庸碌碌的人生，也才能在人生中不断地增强自身的实力，让自己得到提升和完善。如果总是一味地沉迷于人生的安逸，就会变得更加胆怯，也会畏缩不前。

大多数人都希望人生风平浪静，也希望自己能够克服对冒险的恐惧，从而给予人生更多的可能性。殊不知，正是因为这样的恐惧存在，人们才能在人生中不断地前进，增强自身抵抗挫折和磨难的能力，也才能变得越来越成熟，茁壮地成长。其实对于每个普通的生命而言，唯有抛出心中的杂念，才能集中所有的精神和力量，成就勇敢、伟大的人生。当然，人人都想把自身最完美的一面呈现出来，却不知道每当人生遭遇坎坷波折的时候，就会陷入困境。与其在困境中贪图安逸、自欺欺人，不如鼓起勇气，信心百倍地面对人生。否则，是根本不可能度过人生困境的。作为真正的人生强者，我们一定要在人生中投入更多，从而让自己勇往直前，在人生中有所成就。伟大的成功学大师卡耐基曾经说过，在这个世界上，只有敢于尝试的人，才能让人生变得积极乐观。否则，一旦遭遇被动，人生就会陷入绝境。的确，不管是对于个人而言，还是对于整个世界而言，只有不断地变革，才能够取得伟大的进步。记住，一个人唯有跳出固有的生活，让自己站在更高的制高点上，才能够成为当之无愧的人生冒险家，也才能够以星星之火燎原，从而让人生得到彻底的逆袭和改变。

法国大名鼎鼎的作家大仲马在文学界享有很高的声誉，然而年轻的时候他并不顺利，甚至因为家境贫困，不得不迫切地寻找工作，以便养活自己，也帮助父母养家糊口。他在巴黎努力了很久，却始终没有找到合适的工作。为此，他寄希望于父亲的朋友，希望父亲的朋友能够帮助他，让他尽快找到一份工作谋生。

一天，大仲马特意带着礼物去拜访父亲的朋友，并且表明自己的需求。在听完大仲马的讲述之后，父亲的朋友很想了解大仲马的特长，因而问大仲马："你是否精通数学？"大仲马摇摇头，这时，父亲的朋友又问："那么，你是否精通地理和历史呢？"大仲马依然摇摇头。接下来，不管这个朋友问什么，大仲马都接二连三地摇头。面对毫无特长的大仲马，父亲的朋友不免感到纳闷："每个人都有自己的特长，为何这个小伙子没有特长呢？一定是因为他不能客观认知和评价自己，才导致总是否定自己。"为此，父亲的朋友要求大仲马认真想一想自己擅长什么，并且让大仲马留下联系的地址。

大仲马当即拿出纸笔书写自己的地址，写完之后就转身准备离开，这时父亲的朋友却像哥伦布发现新大陆一样惊喜，他大喊大叫地说："你写得一手好字呀！年轻人，你的前途一定不可限量！"听到朋友这么说，大仲马觉得自己的确变得与众不同起来，从此之后，他开始尝试着进行文学创作，最终成为举世闻名的文学家。

面对生活的磨难，大仲马感到非常自卑，又因为他不能发现自身的长处，只是想找一份与自我评价相符合的工作来养活自己。这样一来，他根本无须挑战自己，而可以从事最简单的工作，也无须改变自己。实际上，在当时，大仲马的心态与如今的很多年轻人一样，那就是小富即安，想从事一份相对自己而言非常简单的工作，从而维持生活。假如当年父亲的朋友没有突破大仲马的心理舒适区，那么大仲马就不会走入文学的领域，更不会在文学创作的道路上卓有成就。可想而之，大仲马在最初从事文学创作的时候，一定也经历了很多磨难，毕竟自卑并不那么容易摆脱的。而作为一个自卑的人，大仲马也不可能马上变得强大起来。但是对于大仲马而言，唯有真正走出人生的舒适区，才能够激发自身的潜力，找到最适合自己发展的人生道路。

对于任何人而言，人生从来都不是确定的，而人生的神奇和魅力就在于人生充满了不确定性。每个人只有勇敢地面对人生，品味人生的真味，才能彻底战胜发自心底的自卑，消除深深的恐惧感，从而在人生中以强者的姿态出现，把握命运。

不要成为“恐惧成功”的人

看到这样的标题，肯定有很多人会感到纳闷，因为他们根本想象不到这个世界上居然有人会恐惧成功，难道不应该是人人都对成功趋之若鹜的吗？为何有些人会对成功感到恐惧呢？实际上，这正是人性的弱点。伟大的成功学家卡耐基在《人性的弱点》一书中说，这个世界上有人对成功感到深深的恐惧，所以在面对成功的时候，他们总是情不自禁产生放弃的冲动，甚至还会因为情绪的不可控而亲手毁灭此前创造的伟大成就。最终，他们毫无悬念地彻底放弃努力，也不愿意再奔向成功。对于这些恐惧成功的人而言，他们并非不想获得成功，而是因为不愿意面对未知的人生，所以才不想承受成功之后的巨大压力。这使他们感到非常害怕，也让他们不愿意勇敢地直面人生。

从本质上而言，人们并不会排斥和抗拒成功，他们之所以恐惧成功，是因为无法把握自己，也不知道通过怎样的方式才能获得成功。还有些人不知道在获得成功之后将会面对怎样的局面，因而对成功心怀恐惧。一个恐惧成功的人，内心是非常胆怯的，他们安守本分，惧怕改变已经适应的生活，也不愿意面对未知的未来。毕竟相对于未来而言，现在是可以看得到、感觉得到的，而且也很平静，不会给生活带来翻天覆地的变化。一个人之所以恐惧成功，也是为了在心理上得到安全感，所以他们才故步自封，坚守自己的一小方天地，而不愿意接受任何改变的发生。

大学毕业后，小芳进入一家知名企业工作。她毕业于名牌大学，自身的能力很强，水平很高。因为对工作的热爱和负责，她很快就在工作中脱颖而出，得到上司的认可和赏识。于是，上司决定在公司新一年度的竞聘活动中，推荐小芳参加部门主管的竞聘。

在工作之前，小芳就曾经无数次幻想过工作的情形，也梦想着自己能够在工作上有出色的表现，然而当听到同事传来的小道消息说上司要提拔她当部门主管的时候，小芳却感到发自内心的恐惧。她总是怀疑自己能否在每个月都坚持做出最好的业绩，也害怕得不到领导和下属的认可，更害怕自己因为过于忙碌而无法高质量地完成工作。总而言之，小芳觉得很害怕，也觉得很恐惧。她的恐惧渗透在生活的方方面面，最终因为过度恐惧，她居然主动找到领导希望放弃这次升职的机会。她的理由就是自己还需要更多地积累经验，历练自己。

看完这个事例，相信很多人都对小芳的表现不理解，毕竟在职场上，升职加薪是人人的终极目标和追求，而小芳为何在面对到手的好机会时却不断地退缩呢？实际上，小芳从内心深处来说并不是惧怕成功，而是害怕改变自己已经适应的生活和工作，也担心自己由于能力不足而把很多事情搞砸。这样一来，她就变得非常被动。当然，小芳之所以会这样，还因为她并不确定自己想要怎样的人生。从这个角度而言，我们如果想消除内心对成功的恐惧，就要坚定不移地制订人生的目标，并且向着人生目标努力奋进。任何情况下，唯有战胜内心的恐惧，我们才能够更加自信，也才能独善其身，拥有坚定不移的信念，向着人生既定的目标努力奋进。

在职场上，每个人都不应该近情情怯，在面对渴盼已久的升职加薪时，一定要避免推开机会的冲动。记住，你要相信自己的能力，也要拥有足够的自信，与其一味地恐惧和逃避，还不如鼓起所有的勇气专注地面对，当你敢于承担责任，那么你就值得托付。

参考文献

[1]李世强编.现在你受的苦，必将照亮未来的每一步[M].上海：文汇出版社，2016.

[2]陈静.你努力的每一天，都是成功的前奏[M].天津：天津人民出版社，2015.

[3]阳知行编.害怕你就输了[M].北京：中国华侨出版社，2017.